航空发动机基础与教学丛书

U0175229

DES 类数值方法及其在压气机高保真模拟中的应用

高丽敏 李瑞宇 赵 磊 著

科学出版社

北京

内 容 简 介

本书面对高性能压气机研制中出现的精细湍流机理认识的需求,结合团队多年来在高效高精度数值方法方面的研究工作,针对性地发展了适用于高负荷压气机的高保真 DES 类方法,重点阐述了 DES 类方法应用于高保真压气机内流场时存在的关键科学问题以及相应的解决方案,并发展了适用于高保真压气机内流场海量数据的分析方法,形成了从压气机复杂流场结构细节的"可见"到精细流动特征的"可知"这一研究体系。最后以压气机叶根角区、叶尖端区以及进口畸变模拟器三大典型工程问题为牵引,通过与高空间分辨率的实验测量结果比对,展示了 DES 类方法在解决实际问题中的应用前景与价值。

本书可为航空航天、计算流体力学、高性能叶轮机械领域的科研工作者、工程设计人员提供参考,也可作为航空宇航科学与技术、动力工程及工程热物理等专业博士、硕士研究生的专业课教材。

图书在版编目(CIP)数据

DES 类数值方法及其在压气机高保真模拟中的应用 /
高丽敏,李瑞宇,赵磊著. —北京:科学出版社,2022.8
(航空发动机基础与教学丛书)
ISBN 978 - 7 - 03 - 072719 - 0

Ⅰ. ①D… Ⅱ. ①高… ②李… ③赵… Ⅲ. ①航空发
动机-模拟试验 Ⅳ. ①V263.3

中国版本图书馆 CIP 数据核字(2022)第 119773 号

责任编辑:胡文治 / 责任校对:谭宏宇
责任印制:黄晓鸣 / 封面设计:殷 靓

科 学 出 版 社 出版
北京东黄城根北街 16 号
邮政编码:100717
http://www.sciencep.com

南京展望文化发展有限公司排版
广东虎彩云印刷有限公司印刷
科学出版社发行 各地新华书店经销

*

2022 年 8 月第 一 版 开本:B5(720×1000)
2024 年 3 月第三次印刷 印张:12 3/4
字数:210 000

定价:110.00 元
(如有印装质量问题,我社负责调换)

丛 书 序

　　航空发动机是"飞机的心脏",被誉为现代工业"皇冠上的明珠"。航空发动机技术涉及现代科技和工程的许多专业领域,集流体力学、固体力学、热力学、燃烧学、材料学、控制理论、电子技术、计算机技术等学科最新成果的应用为一体,对促进一国装备制造业发展和提升综合国力起着引领作用。

　　喷气式航空发动机诞生以来的80多年时间里,航空发动机技术经历了多次更新换代,航空发动机的技术指标实现了很大幅度的提高。随着航空发动机各种参数趋于当前所掌握技术的能力极限,为满足推力或功率更大、体积更小、质量更轻、寿命更长、排放更低、经济性更好等诸多严酷的要求,对现代航空发动机发展所需的基础理论及新兴技术又提出了更高的要求。

　　目前,航空发动机技术正在从传统的依赖经验较多、试后修改较多、学科分离较明显向仿真试验互补、多学科综合优化、智能化引领"三化融合"的方向转变,我们应当敢于面对由此带来的挑战,充分利用这一创新超越的机遇。航空发动机领域的学生、工程师及研究人员都必须具备更坚实的理论基础,并将其与航空发动机的工程实践紧密结合。

　　西北工业大学动力与能源学院设有"航空宇航科学与技术"(一级学科)和"航空宇航推进理论与工程"(二级学科)国家级重点学科,长期致力于我国航空发动机专业人才培养工作,以及航空发动机基础理论和工程技术的研究工作。这些年来,通过国家自然科学基金重点项目、国家重大研究计划项目和国家航空发动机领域重大专项等相关基础研究计划支持,并与国内外研究机构开展深入广泛合作研究,在航空发动机的基础理论和工程技术等方面取得了一系列重要研究成果。

　　正是在这种背景下,学院整合师资力量、凝练航空发动机教学经验和科学研究成果,组织编写了这套"航空发动机基础与教学丛书"。丛书的组织和撰写是一项具有挑战性的系统工程,需要创新和传承的辩证统一,研究与教学的有机结合,发展趋势同科研进展的协调论述。按此原则,该丛书围绕现代高性能航空发动机所涉及的空气动力学、固体力学、热力学、传热学、燃烧学、控制理论等诸多学科,系统介绍航空发动机基础理论、专业知识和前沿技术,以期更好地服务于航空发动机领域的关键技术攻关和创新超越。

　　丛书包括专著和教材两部分,前者主要面向航空发动机领域的科技工作者,后者则面向研究生和本科生,将两者结合在一个系列中,既是对航空发动机科研成果的及时总结,也是面向新工科建设的迫切需要。

　　丛书主事者嘱我作序,西北工业大学是我的母校,敢不从命。希望这套丛书的出版,能为推动我国航空发动机基础研究提供助力,为实现我国航空发动机领域的创新超越贡献力量。

2020 年 7 月

前　言

　　航空压气机是航空燃气涡轮发动机的核心部件之一,占据整个发动机 50%~60%的长度以及 40%~50%的重量,其性能的优劣对发动机的性能、成本和安全性都有着至关重要的影响。然而,在多壁面约束与强逆压梯度作用下,压气机叶片通道的湍流流动极其复杂。

　　面对高性能航空压气机的研制对精细湍流机理认识的需求,本书将已应用于如飞机机翼等外部空气动力学的高保真 DES 类方法拓展至在模型几何与流动特征复杂度更高的航空压气机,并从工程应用的需求出发结合高性能的并行算法,形成了面向工程设计需求的压气机 DES 类数值方法;同时,发展适用于高保真压气机湍流海量数据的数据分析方法,辅之以高空间分辨率实验结果,形成从压气机复杂流场结构细节的"可见"到精细流动特征的"可知"这一研究体系,为高性能航空压气机精细化设计提供技术支撑。

　　本书涵盖了课题组近十年的最新创造性成果,使得读者根据本书内容可以解决工程实际问题,主要特点是: ① 理论结合实际应用。全面介绍 DES 类方法的理论、发展过程,讲述非定常数据分析方法的理论及特点,同时以发动机核心部件之一的压气机为落脚点,详细阐述先进数值方法及数据分析手段在解决实际物理问题的技术途径。 ② 面向航空压气机研制需求。从方法的基本原理出发,深入分析高保真数值方法应用于压气机复杂内流场模拟中的关键科学问题,介绍自主发展的解决思路,阐述非定常数据分析方法应用于压气机流场分析中所能挖掘的物理信息,集中应对特定的应用领域。

　　本书内容包含高亚声速、跨声速流场的高保真数值方法、非定常流动海量数据分析方法以及上述方法在高性能压气机湍流结构认识方面的应用,具体如下:第 1 章总结压气机内部复杂流动的特点以及研究中遇到的难点问题;第 2、3 章从 DES 类方法原理和方程出发,结合压气机非定常内流场时空跨度大、空间拟序结构强耦合、湍流强各向异性以及强逆压梯度的特点,阐述 DES 类方法应用于压气机复杂流场中存在的网格分辨率难以确定、数值稳定性差以及计算量与计算精度矛盾等关键科学问题以及自主提出的解决方案;第 4 章介绍非定常流场频率分析方法、涡识别方法以及高耦合流场的时空解耦等非定常流场数据分析方法,以充分挖掘海量高保真数据蕴含的流动信息;第 5~7 章以高性能航空压气机研究领域的实际物理问题为牵引,以高空间分辨率的实验结果为基准,不仅检验 DES 类方法在解决实际问题中的应用前景与价值,而且挖掘高保真数据蕴含的流动信息。

本书的整体结构以当前压气机面临的瓶颈问题为导向,针对性地分析了高保真数值方法应用于压气机内流场数值模拟时存在的科学问题及解决方案,阐述了适用于高负荷压气机内流场的高效、高精度 DES 类方法,配套给出非定常海量数据的分析方法,从非定常研究视角深刻认识压气机流场结构,给出了解决实际问题的技术途径与应用效果。本书可以为高性能发动机研究领域的科研工作者、工程设计人员介绍一些新技术、新方法,也可为流体力学领域的科研工作者介绍复杂内部流场认识方面的难点问题。

感谢国家自然科学基金(51790512,52106053)和中国博士后科学基金(2020M683500)对本书研究工作的大力支持。

由于作者水平有限,书中难免存在疏漏或不足之处,敬请读者批评指正。

作者
2022 年 1 月

目 录

第 3 章　基于 DES 的压气机内流场高保真数值模拟方法

第 4 章　压气机高保真流场海量数据分析方法

第 5 章　压气机叶根角区流动的高保真模拟与分析

第 6 章　压气机叶顶端区流动的高保真模拟与分析

第 7 章　压气机进气畸变发生器流场的高保真模拟与分析

第1章
绪　论

1.1　背景介绍

压气机是航空发动机的核心部件,是决定航空发动机性能的关键部件。在结构上,压气机部件占到发动机总长度的 50%~60%、重量的 40%~50%;在制造与维修方面,压气机占发动机总制造成本的 35%~40%、维修成本的 30%;在性能方面,压气机的气动性能不仅直接决定着整个发动机工作特性(推力、运行范围)与推重比,同时影响着飞行安全以及噪声与污染物排放,压气机性能的好坏对航空发动机至关重要。

现代航空发展对发动机的设计提出了越来越高的要求:要求航空发动机不仅为飞机提供更大的推力,而且需兼备安全性、可靠性、经济及环保性等综合性能。表 1-1 表明,随着对航空发动机性能要求的提升,人们对压气机的研究和设计提出了日益苛刻的要求。

表 1-1　航空压气机发展趋势

代　次	机　型	级　数	压　比	平均级压比
三代	F100	10	7.8	1.228
	F110	9	9.7	1.287
	RD33	9	7	1.241
	WS10	9	9.7	1.287
四代	F119	6	8	1.414
	M88-2	6	6.45	1.364

续　表

代　次	机　型	级　数	压　比	平均级压比
四代	EJ200	5	6.2	1.440
	WS15	6	6	1.348
五代	AXXX	4	6	1.565

压气机的发展历史表明：压气机的性能在很大程度上取决于其内部流动情况。因此,必须对其内部流场的细微结构和能量损失发生机理进行深入的研究,才可提高其气动性能,从而使压气机的气动设计提高到一个新的水平。由于旋转和强曲率的作用,不可避免地在压气机内部引起以各种涡系形式存在的二次流,如通道涡、角涡、泄漏涡、尾涡等;此外,静子部件和转子部件之间的相互干扰,形成了压气机流动特有的非定常性。压气机内部流动是实际中遇到的最复杂的流动之一,其复杂性不仅来自流道几何构型的复杂,也来自流动属性的复杂,更重要的是流动的非定常性。对非定常、跨声速和黏性三维流场的研究构成了现代压气机的主要研究方向。因此,对压气机内部流场的研究是一项既有理论价值又有应用价值的研究课题。

理论分析、实验测量和数值模拟是研究压气机的三条重要途径。其中理论分析是最早也是最基本的研究压气机内部流动的方法,它能够深入问题的本质规律,具有最明确的指导意义,升力理论和叶栅理论就是所有压气机气动研究的基础。然而,压气机的流动控制方程、求解域以及定解条件非常复杂,理论分析不可能考虑到所有因素的影响及其相互作用,无法给出具有实际意义的理论解,远远满足不了工业发展的实际需要。

实验测量是研究流体流动机制的另外一种重要的手段,它能综合考虑影响流动的各种因素,结果客观可靠,是理论正确与否的直接检验。人们曾进行了大量系统的叶栅实验,建立了压气机设计的一般原则,早期的压气机设计就主要是以大量的实验数据为基础,在理论指导下进行的。但是,压气机是结构最为复杂的流体机械,实验测量的成本高、投资大,获得结果的周期较长,测量技术也不完善,对于复杂流动的细微结构测量困难重重,包括目前的激光多普勒测速仪(laser Doppler velocimeter, LDV)、激光粒子测速仪(particle image velocimeter, PIV)、压力敏感涂料(pressure sensitive paint, PSP)测量技术等先进测试手段仍无法精确测量到边界层内的流动和全部尺度意义上的非定常流动。而且,实验通常无法完全满足相似条件,存在着不可消除的外在干扰,再加上人们对流动机理认识水平的限制,使获得完全精确的结果有一定困难。

计算机的出现为数值求解偏微分方程提供了可能,数值模拟即计算流体动力学(computational fluid dynamics, CFD)的发展为认识压气机内部流动另辟蹊径。相比于实验测量,数值方法具有成本低、时间周期短、数据丰富的优势。随着计算机和计算技术的继续发展,CFD 技术作为理论分析与实验测量的更简单的延伸受到越来越多的重视。在许多场合下,CFD 已经能够相当准确地模拟真实流动,起到了“数值风洞”的作用,代替了大量的风洞实验,成为研究压气机内部复杂流动有效而强大的工具,成为压气机设计的重要工具之一。

近些年,对高性能压气机的需求驱使其设计方法由早期的“简单设计”逐渐转向现代的“精细设计”,即从宏观气动指标的实现(压比、效率等)转向对其内部流动细节(激波、分离流、非定常流等)及其影响因素的有效控制。设计理念的改变对数值模拟提出了更高的需求:需要对近失速、近堵塞等恶劣极限工况下激波、流动分离、转捩以及相互干涉等复杂流动现象进行高保真的预测。目前在压气机中普遍采用的基于雷诺平均方程的数值方法受限于湍流模型,对上述恶劣工况下的流动无能为力。因此,亟须发展更加先进的数值方法,能够精细地揭示叶片通道内的流场特性与流动机理,以更深刻地理解流动损失的来源及影响因素,从而使压气机气动设计提高到一个新的水平,这也是提高航空发动机综合性能的关键性基础研究。

1.2 压气机内部流动特点及现状

1.2.1 压气机内部流动特点

压气机的气动性能严重依赖于由相邻叶片、轮毂与机匣构成的复杂受限湍流流动,复杂性不仅来自流道几何构型的复杂性,也来自其流动属性的复杂性。压气机内部流动由于受到复杂的叶道形状、旋转产生的离心力和科氏力的影响,其本质为三维非定常流动,同时流体黏性作用以及动静叶排间的相互干涉,使其内部流动在时间和空间的结构更加复杂。其复杂性表现在:在流向逆压梯度作用下,叶片表面附面层发展很快,并由于无法克服的逆压梯度而极易发生附面层分离现象;在栅向压差及端壁附面层的共同作用下,通道二次流、通道涡等的发生不可避免;叶片与端壁构成的狭窄弯曲通道不仅加速了附面层发展与分离,而且形成了多涡系相互干扰的角区流动以及间隙流动;高速旋转效应产生的离心力与超跨声速流动产生的激波、激波/附面层干扰、附面层展向堆积不容忽视;转子与静子之间的相对运动产生的尾迹-叶片相互干扰以及时序效应;由于非定常气动力作用形成的颤振现象;高负荷工况下形成的旋转失速、喘振等大尺度非定常现象等。如图 1-1 所示,从最小的湍流脉动结构,到最大的瞬态工况流动结构(发生在起动、停机、调节、进口畸变等动态过程)的时空尺度跨越 5~6 个数量级,可以说,航空发动机叶片通道内部流动是实际中遇到的最复杂的流动之一。

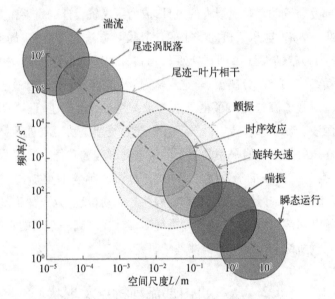

图 1-1　压气机非定常流的时空谱分布[1]

高做功能力是高性能压气机不断追求的指标之一。从气动的角度来讲,压气机做功能力的提升可以通过增大叶型弯角和提升轮缘速度来实现,如图 1-2 所示。然而,大弯角和高轮缘速度带来诸多气动问题,具体表现为流场中出现大范围分离以及激波/附面层干扰的问题,尤其以压气机叶根端区的三维角区与压气机叶顶端区的间隙流动问题最为严峻。

具体来说,在叶片根部和下端壁(轮毂)构成的空间三维角区内(图 1-3),叶片表面附面层与端壁附面层在大曲率、强逆压梯度的作用下,形成由多种湍流拟序结构耦合成的"三维角区分离"结构;在叶尖和上端壁(机匣)构成的毫

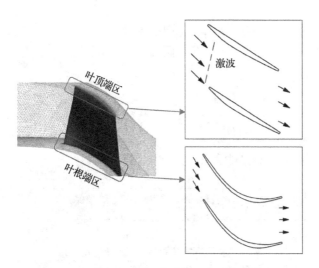

图 1-2 压气机叶根、尖端区几何特点示意图

米级叶顶间隙内,间隙泄漏流、机匣附面层、激波以及相对运动的刮擦相互作用(图1-4),形成了激波、附面层、泄漏涡相互干扰的复杂湍流结构。大量研究表明,随着压气机负荷的增加,50%以上流动损失以及流动失稳发生位置都集中在叶片的端部(叶尖、叶根)[2],而且对气动稳定性有些直接或者间接的影响(图1-5),目前叶根端区的大分离和叶顶端区激波/旋涡干扰等气动现象是压气机领域研究的热点问题。

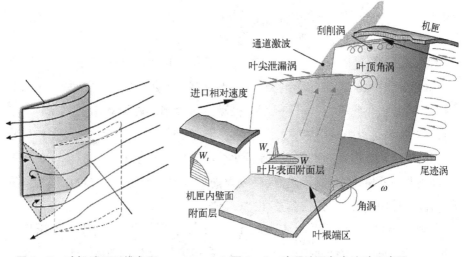

图 1-3 叶根端区三维角区
分离示意图[2]

图 1-4 叶顶端区复杂流动示意图

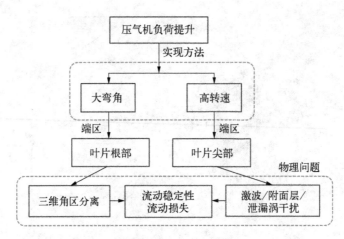

图 1-5　压气机负荷提升带来的物理问题

1.2.2　压气机内部流动的认识

1. 叶尖端区流动

压气机中为保证转子与机匣之间的相对运动,转子尖部不可避免地存在叶顶间隙。受叶片压、吸力面两侧压差的作用,部分气流翻越叶尖形成的泄漏流动,与机匣壁面附面层、主流以及其他二次流动相互作用,造成极大的流动损失[3]。虽然间隙大小不到叶片高度的 1.0%[4],但其影响范围占据了近 20% 的叶片通道[5],所造成的损失通常占总损失的 20%~40%[6]。自 20 世纪 50 年代以来,压气机叶尖端区流动一直是学者关注的热点。

早期针对叶顶间隙泄漏流的研究旨在建立简单流动模型,如基于无黏假设的 Rains[7] 和 Lakshminarayana 模型[8]、不考虑叶片厚度的 Chen 模型[9] 等,这些模型对叶顶泄漏流的影响因素、泄漏流量、流动损失等进行估算[7-13],为压气机设计提供参考,在一定程度上推动了对叶顶间隙流动本质的认识。然而,建立模型过程中难以兼顾影响间隙流动的各种因素,在考虑主要影响因素的同时加入了众多经验性假设,所以此类简化模型对于叶顶间隙流动的预测和描述并不严格,通用性较差,具有较大的局限性,因此单纯的理论模型研究无法深入地探究叶顶间隙流动的机理和规律。

对叶顶区域流场更为细致的研究开始于雷诺平均纳维-斯托克斯(Reynolds averaged Navier-Stokes, RANS)数值方法长足的发展。通过稳态结果,研究人员开展了不同叶顶间隙结构对流场损失的影响规律的研究,重点在于稳态宏观参数的研究和影响规律的总结。随后,大量的研究表明[14-16],叶顶间隙流动对诱发压气机失稳有着重要影响,这也驱使人们开展大量的叶顶间隙结构与失稳之间关联的规律性研究,这包括叶顶间隙结构对稳定性的影响规律[16]、失稳状态下的流动特征[15],分析对比失稳前后流场结构的变化规律[14,17]等,以期实现对失稳的控制。宏观参数的分析和规律的探究对某一模型特定问题理解很有帮助,但没有物理机理层面的认识通常很难具有普适性。

2000年以来,越来越多的研究表明在近失速这种恶劣工况下,叶顶间隙流场存在强烈的非定常性[4,15-18],而基于定常框架下的研究由于时均化的处理会丢失如泄漏涡的形成、涡系破碎等重要的流动细节[15-21]。因此,学术界对叶顶端区流动与失速的关系影响研究逐渐转向非定常框架,着重对端区泄漏流的非定常脉动、发展与演化规律展开研究,为人们认识叶顶端区流动对稳定性影响机制提供可能。目前普遍研究认为叶顶端区的低频大尺度的"模态波"和高频小尺度的"高频扰动波"是引发压气机失速的主要原因之一[21]。然而,国内外针对诱发这种非定常扰动的原因有不同的解释:一方面认为叶顶端区泄漏流非定常波动是由叶顶间隙涡破碎导致的[15-17],而另一方面则认为是叶顶泄漏流和主流相互作用增强造成的,与外部激励和涡是否发生破碎无关[4,18]。更为严峻的是,随着压气机负荷的提升,高轮缘速度引起叶尖出现强激波,目前的压气机设计叶尖马赫数可达1.6。激波的出现引入了激波与附面层以及泄漏涡相互干扰的新非定常扰动问题(图1-6),这使得原本存在争议的压气

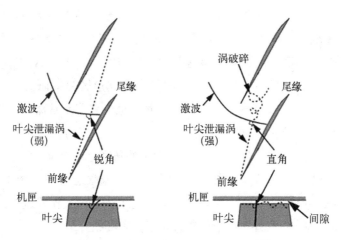

图1-6 叶尖端区波/涡干扰示意图[17]

机非稳定扰动诱因问题更加复杂,成为提高高负荷压气机稳定性的瓶颈。

2. 叶根端区流动

在压气机的逆压梯度环境下,附着在轮毂端壁面与叶片吸力面(即背风面)上的附面层在叶片通道中逐渐增厚;在叶根吸力面与轮毂端壁形成的角区内,吸力面附面层和端区附面层相互干扰,形成了低能气体的聚集区即角区附面层;当低能流体无法克服逆压梯度时则会在叶根端区即端壁面与吸力面形成的角区内发生流动分离[22],如图 1-7 所示。这种由压气机的叶片吸力面与端壁形成的角区内产生的分离现象称为"角区分离",由于该结构在通道内沿着流向、切向和展向三个方向发展,因此也称为"三维角区分离",是目前高负荷压气机叶根端区对性能影响最为显著的流动现象之一。

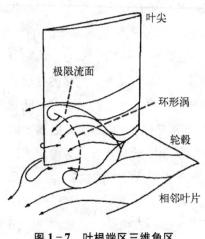

**图 1-7   叶根端区三维角区
分离示意图[22]**

角区分离现象普遍存在于压气机内流场中[23]。在相对稳定的工况下,角区分离现象仅占据靠近叶片吸力面很小的范围,对压气机性能的影响并不明显,因此早期并没有引起学者的关注。直至 20 世纪 80~90 年代,在高负荷设计的需求下,大弯角的叶型用于叶根端区(叶型弯角甚至超过 60°)。在强曲率叶型的作用下,角区分离流动的三维效应大幅增强,角区分离的影响范围大幅增加,即出现大分离现象,此时损失急剧增加,扩压能力下降。Lei 等[24]建议将前者称为"角区分离",将后者称为"角区失速"以示区分,如图 1-8 所示,同时给出了角区失速的判定准则。考虑到小范围角区分离研究意义不大,而"失速"在压气机中通常指尺度达到多个叶片通道的强非定常流动不稳定现象,为避免混淆并简化表述,本书的"角区分离"或"三维角区分离"都表示明显对气动性能造成影响的大分离现象(包含大攻角下的角区分离和角区失速)。

对叶根端区角区分离流动的认识过程与叶顶端区叶尖泄漏流类似。早期研究人员通过壁面的摩擦力线构建空间三维拓扑结构,比较有代表性的是1990 年 Schulz 等[22]提出的首个压气机角区分离的拓扑结构,虽然没有给出分离区域内更为详细的流场结构,但却清晰地显示了流动的基本特点:角区分

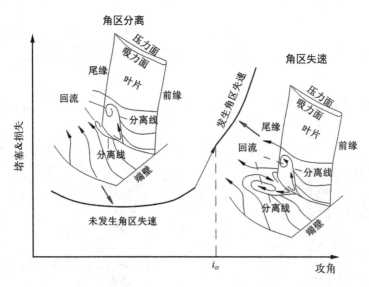

图 1-8 角区分离和角区失速拓扑结构和气动性能示意图[25]

离的发生起始于叶片吸力面和端壁形成的角区且靠近叶片前缘,一旦形成,会对整个流场产生严重的堵塞,在向下游发展的过程中逐渐向展向和切向扩展,形成一个环形回流区。

21 世纪前后,随着数值模拟方法及实验测量的发展,通过对三维流场的数值模拟,结合实验测量结果,使得对角区空间流场部分细节的认识成为可能。更进一步的研究逐渐认识到角区分离流动是一种极为复杂的三维流动,这种复杂性体现在两个方面,一是流动结构本身的复杂性,二是诱发分离原因的复杂性。

从角区分离流场结构来看,1999 年,Hah 和 Loellbach[26]基于 RANS 方法,对跨声速压气机转子进行数值模拟并分析后提出了新的三维空间拓扑结构,如图 1-9 所示。该拓扑结构不仅展现了角区分离向空间三维发展的特点,同时给出了分离区内的涡系结构特点,即由吸力面和端壁的极限流线包络的空间回流区内,存在两个主要的涡系结构,其中一个靠近叶片吸力面约 80%弦长位置处,另一个位于靠近尾缘的位置;两个反向旋转且向展向发展,并在附面层外会合(图 1-9),Hah 等认为角区其实由一个龙卷风型的涡结构主导,而前面提到的两个涡结构是龙卷风型涡结构的两个附着于轮毂的涡腿。而 Lewin 和 Stark[27]则认为这是两个独立的涡结构且相互掺混影响,而并非来源于同一个涡结构,并同时给出了更为丰富的角区分离拓扑结构,如图 1-10 所示。

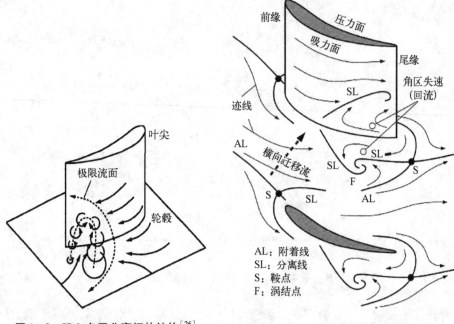

图 1 - 9　Hah 角区分离拓扑结构[26]
（基于 RANS 结果）

图 1 - 10　Lewin 角区分离拓扑结构
（基于 RANS 结果）[27]

　　角区分离的形成机理目前在以下三个宏观方面已经达成共识[23,26,28]：强逆压梯度、通道内的二次流及端壁和叶片表面附面层的掺混。但对于通道内二次流引发角区分离的原因、湍流拟序结构的发展及演化过程的理解并不成熟，然而这些是高性能压气机精细化设计的关键。

　　随着数值计算精度的不断提升（增加网格数量提升数值结果的空间分辨率），人们对角区流场的认识也逐步深入，人们认识到三维角区分离不仅是单一涡结构作用的结果，而且是由多种涡系相互掺混、演化的结果，这些涡系结构相互诱导、掺混、耦合，加剧了对其相互干涉机理认识的难度。很多关于流场涡系空间拓扑结构的研究[29,30]提出了多个压气机角区旋涡模型（图 1 - 11），但对于旋涡的发生位置、影响及依赖关系并没有达成统一，例如，Wang 等[31]和 Xia 等[32]都捕捉到了发卡涡结构，但 Wang 等认为发卡涡结构产生于叶栅通道外，且由分离流发展而来，而 Xia 等却在通道内发现该结构，认为其是由马蹄涡的炸裂形成的；Gbadebo[33]和 Gao[34]研究发现马蹄涡与三维角区分离结构的形成有着密切联系，但部分相关结论的给出却非常不确定；Chen 等[35]对某压气机叶栅流场研究发现三维角区分离是由马蹄涡的两个分支相遇而诱

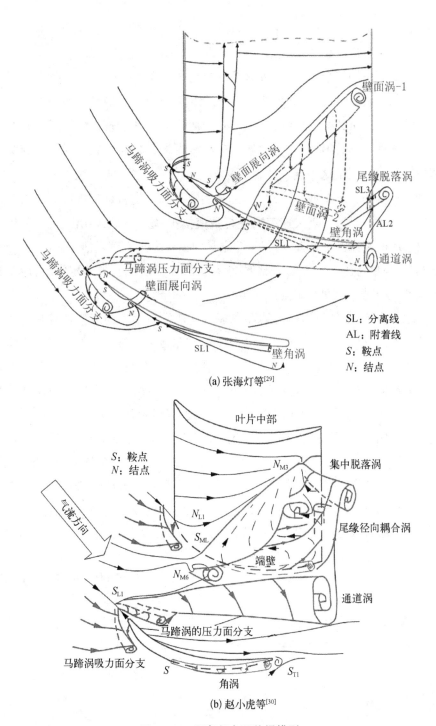

(a) 张海灯等[29]

(b) 赵小虎等[30]

图 1-11 压气机角区旋涡模型

发的,但在 Liu 等[36]的工作中虽然马蹄涡的两个分支并未相遇,但仍然出现了严重的角区分离问题。

由此可见,角区分离是多种涡系结构高度耦合的结果,各个涡系结构相互诱导、干涉等使得角区的流场极其复杂,目前仍然是个开放性问题。

从本质上讲,涡系结构的产生、掺混、演化等必然会使流场局部出现很强的非定常性[1],采用体现粒子图像测速和激光多普勒实验技术对角区流场的测量结果也证实了这一点[37,38]。而从定常的角度来描述会失去一些重要的流动细节。例如,Furukawa 等[16,19]分别采用定常和非定常数值模拟方法对某亚声速轴流压气机转子近失速工况进行数值模拟,定常结果中出现了泄漏流没有卷起成泄漏涡的异常现象,但从非定常的角度发现实则由泄漏涡破碎引起。显然,在高负荷压气机极限工况下,存在大分离的流场具有非定常性,对于其机理的认识需要建立在非定常框架下展开。

综上所述,压气机内部流动存在多种复杂涡系结构高度耦合且具有非定常性的复杂物理现象。对压气机内部如叶根角区分离和叶顶端区泄漏流物理现象的认识在很大程度上取决于研究手段的发展,如图 1-12 所示,基于无黏假设的数值计算对压气机流场有了一个初步的认识,在早期压气机设计中起到了重要作用;随着 RANS 数值模拟方法的发展以及计算能力的提升,压气机复杂的流场结构得以初步展现,研究人员逐步认识到流场中多种复杂的涡系结构,并开展了宏观性能影响规律的研究;非定常数值模拟技术的发展,使得角区分离的非定常性得到了证实,一些在定常研究中被掩盖的非定常本质逐渐浮出水面;由此可以推断,发展先进的高保真数值及实验方法,将进一步推动对压气机内部流动机理层面的认识。

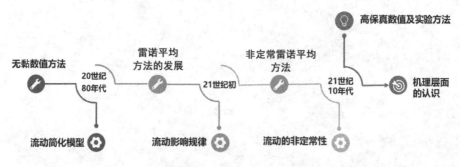

图 1-12　基于数值模拟的压气机内部流动认识的发展

1.2.3 压气机内部流动数值模拟面临的挑战

1. 大尺度分离流动的准确预测

在强逆压梯度和多壁面复杂空间结构共同作用下,在极限工况下压气机内部流动体现出时空多尺度、高度非线性耦合等特征,这为高负荷压气机内部流动的准确预测与深刻认识带来极大的挑战。尽管 RANS 数值方法已在压气机的工程设计中得到了广泛的应用,但由于其采用了基于各向同性假设的湍流模型,对于如角区分离这样的大尺度且具有强烈各向异性的流场结构的预测显得无能为力[32,39,40],具体表现为对分离范围与流动损失的过渡预测(图 1-13)、

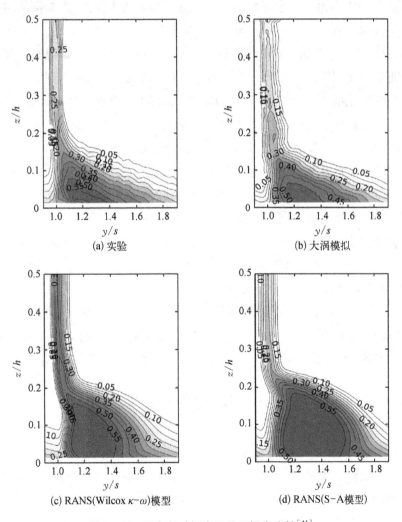

(a) 实验

(b) 大涡模拟

(c) RANS(Wilcox κ-ω)模型

(d) RANS(S-A模型)

图 1-13 压气机叶栅出口总压损失比较[41]

流场的复杂涡系结构的产生与发展演化过程无法捕捉、非定常效应被大幅削弱等，这极大地限制了对角区分离等现象物理本质的认识。

2. 狭窄多壁面空间流场精细结构的捕捉

压气机中为保证转子与机匣之间的相对运动，转子尖部不可避免地存在叶顶间隙。间隙尺寸通常只有毫米量级，气流在翻越狭窄的空间后形成的泄漏涡及其诱导结构与壁面的距离非常近；另外，进入 21 世纪后，随着超声速、跨声压气机的应用，在叶顶区域不可避免存在激波，对几何狭窄多壁面、存在激波的流场进行数值模拟时，难点主要体现在两个方面：① 靠近壁面各向异性的涡结构采用 RANS 湍流模型预估的结果难以让人满意；多壁面的结构使得大涡模拟(large eddy simulation, LES)方法的计算量大幅增加；而对于混合 RANS/LES 方法，受到 RANS 和 LES 交界面定义模糊的限制，难以对距离壁面比较近的涡系结构进行解析。② 激波对空间离散格式提出了很高的要求，二阶精度的对流项离散格式会造成较大的数值耗散，激波会被抹平，而高精度的格式在强逆压环境下稳定性较差，难以数值收敛。

3. 多尺度高雷诺数流场计算量与计算精度的矛盾

计算量与计算精度的矛盾一直以来都是数值模拟面临的挑战之一，而对于压气机内部多尺度、高雷诺数流场，这样的矛盾更为突出。为了满足新一代压气机设计理念对精细化流场捕捉的需求，涡解析的高保真数值方法是压气机内流场数值方法的发展趋势之一。然而，压气机内部流场时间和空间尺度跨越 3~4 个数量级，从空间层面来讲，这就要求最小的网格尺度要足够小，能够在高雷诺数流场捕捉到精细的湍流脉动，同时研究对象的尺寸又要求网格覆盖范围足够大；时间层面与空间层面类似，要求物理时间步长足够小(CFL~1)，同时推进时间要足够长以捕捉到大尺度的低频脉动。从空间和时间层面来讲，压气机内部流场精细化数值模拟的计算量在当前的计算能力下都是不容小觑的。

1.3　压气机内部复杂流动数值方法

1.3.1　无黏数值模拟方法

压气机内部流动的数值模拟大致经历了从无到有、从简单到复杂、从近似到精确的过程。对压气机内部复杂三维流场的数值模拟是在 1952 年我国吴仲华教授提出了两类相对流面(简称 S1 流面和 S2 流面)理论之后才开始进行的。这一理论是基于无黏模型,把三维流场分解为两个流面上的二维问题进行求解,大大简化了计算。在当时计算条件极其匮乏的条件下,非常适合工程设计与分析,也正因此,以相对流面理论为主线的压气机设计与分析的研究得到了极大发展[41-43]。同时,基于无黏流动的 Euler 方程模型和流/势函数模型也逐渐应用到流体机械内流数值模拟中[44,45],与前种模型相比,这种方法更接近压气机内部流动的三维特征。虽然不考虑流体黏性的数值模型改变了流体的物理属性,但是在当时的计算条件下,基于 Euler 方程的数值方法在求解压气机内部流动方面取得了一定的成功。

然而,无黏流动数值模型在改变流体物理属性的同时,也使得流动控制方程及其定解条件有了本质变化,很难准确预测由黏性引起的叶轮叶片尾缘涡脱落、壁面边界层发展与分离等黏性流动结构,因此压气机内部流动物理模型必须考虑到黏性的作用,才能进一步提高压气机的分析与设计水平。边界层/势流迭代法[10-12]是最早将黏性引入流体控制方程中的数值模拟方法,该方法假设流动的主流区域为无黏势流流动,只在固体壁面的边界层内部考虑流体黏性的影响,两个流动区域之间通过内部边界耦合实现对整个流场的求解。边界层/势流迭代法相较无黏流动模型,在对压气机内流的数值模拟中获得了一定的改善,但是对于压气机内部由于黏性而引起的复杂三维流动的预测还是无能为力。

1.3.2 雷诺平均维纳-斯托克斯数值方法

20 世纪 80 年代以后,伴随着计算机水平的迅猛发展,压气机内流的全三维黏性流动的数值研究取得了巨大进展。Denton[43]、Rai[46,47]、Dawes[48]、Moore 等[49]、McDonald 等[50]、Hah 等[51-54]、Giles[55] 等国外学者结合湍流模型通过求解雷诺平均方程在研究压气机内部复杂流动方面做了大量工作。国内学者[24-35,56]也相继开展了这方面的研究工作,对压气机内部复杂的流场结构及特征进行了较为深入的研究和分析。目前,RANS 数值方法已在压气机的工程设计中得到了广泛的应用,对内流场认识已发挥了重要的作用。

但是大量的研究表明,基于 RANS 湍流模型的数值预测结果在叶根端区的角区大分离现象等并不能很好地与实验结果吻合,如图 1-13 所示。这些 RANS 湍流模型对湍流黏性系数和总压损失预测的差异就变得很明显,很难实现数值结果的保真性。

出现这种问题的原因在于广泛使用的 RANS 湍流模型采用 Boussinesq 假

设,即雷诺应力张量和平均应变率呈线性关系,然而这一假设是基于完全发展、各向同性且平衡的湍流提出的[57]。其中,各向同性且平衡的湍流假设限定湍流黏性系数不具有方向性,平衡性假设限定在梯度为零的附面层内能量的产生和耗散达到平衡状态,另外由均匀剪切力驱动的湍流的能量产生和耗散之间渐近平衡[58]。然而研究表明,大分离问题湍流表现出很强的各向异性[59],随着分离强度的增加,各向异性更加明显;而且角区分离区域、尾迹和附面层内非平衡现象非常明显,甚至在流场的下游这种非平衡现象也不能消除。可见,从本质上来讲,基于 Boussinesq 假设湍流模型并不适用于预测像大分离这样的复杂流动。

为了解决这个问题,一些研究人员进行了尝试,例如,Monier 等[60]采用二次本构关系(quadratic constitutive relation, QCR)计算雷诺应力而非 Boussinesq 本构关系,即在采用当地湍流黏性系数计算雷诺应力时加入各向异性的影响,虽然 QCR 的预测准确性有所提升,主要体现在流场的进口与角区分离的上游,但对流场出口的修正作用很小;柳阳威等使用螺旋度(helicity)修正 Spalart-Allmaras(S-A)模型,结果表明修正后的 S-A 模型在时均层面能有效提高压气机中角区分离模拟的准确性,这对进行快速流场预测非常有益,但受限于方法本身,无法分辨流场的精细结构。

1.3.3　高保真数值方法的发展

高保真数值方法的不断发展,如直接数值模拟(direct numerical simulation, DNS)和大涡模拟(LES)方法等,为高负荷压气机内部流场中各向异性且非平衡湍流结构的精细化捕捉提供了技术条件。

DNS 方法[61]不加入任何湍流模型,而直接求解纳维-斯托克斯方程,所有的湍流信息如雷诺应力、湍动能、耗散率等都直接解析出来。其网格尺度需要小于最小涡的尺度(即小于这个尺度涡将以热的形式耗散),即耗散尺度。这样求解出的湍流信息没有任何假设,精确程度可以保证。但是雷诺数越高,耗散尺度越小,实际压气机的工程问题雷诺数为 $10^6 \sim 10^7$ 数量级,初步估计网格量约需 10^{16}。就目前计算机水平而言,这些要求还难以达到。这就使得 DNS 方法目前在工程上难以实现和应用,已有的研究工作也仅限于一些简单几何外形在低雷诺数(Re 约为 10^4)下的流动。

LES 方法[62]的计算量远小于 DNS,因为它只求解湍流中的大尺度涡结构,而对于耗散区小尺度涡结构的脉动则通过建立模型来处理。这里的"大尺度"

是相对于耗散区内小尺度的涡结构而言的。从能量级串的角度来说,如图 1-14 所示,LES 方法解析约 80%的湍动能,而剩余约 20%的湍流脉动对周围流体的影响将用模型来描述。LES 方法使大尺度涡结构保持了各向异性,而对于被模化的小尺度的涡结构基本能保持各向同性的特征,使用模型来模化这部分小尺度涡的耗散可以达到比较满意的准确度。然而,在应用 LES 求解压气机内部流场这种高雷诺数问题时,同样存在网格量巨大的问题,网格量主要集中在附面层内。靠近壁面的湍流脉动非常小,想要解析小尺度涡结构 80%的湍动能所需要的网格量,远大于解析相同湍动能下大尺度涡结构的数量。Gao[62]基于大涡模拟(LES)方法对雷诺数为 10^4 量级的低速压气机叶栅进行了数值模拟,但对于工程中证实的压气机流动,目前 LES 方法仍难以应用。

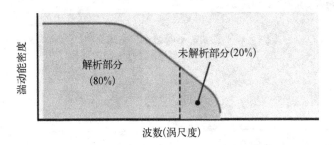

图 1-14　大涡模拟方法解析 80%的湍动能[63]

近年来,混合 RANS/LES 方法的提出为压气机复杂内流场的高保真数值模拟提供了新思路。其思想在于在附面层内采用 RANS 求解,在远离附面层的大分离区域采用 LES 求解,可以兼顾 RANS 在附面层内计算量小以及 LES 对于远离壁面的大尺度分离问题预测更加准确的优势,在压气机复杂内部流场的数值模拟中具有极大的工程应用前景。Tucker[64]估算了 LES 和混合 RANS/LES 方法在计算量上的差异,如图 1-15 所示,在压气机的数值模拟中,混合 RANS/LES 方法相比 LES 方法,计算量可以降低 1~2 个数量级,是目前解决高雷诺数大分离问题数值预测非常有应用前景的方法。

Froehlich 等[65]从 RANS 和 LES 是否独立求解这个角度,把混合 RANS/LES 方法分为两类,再加上第二代非定常雷诺平均纳维-斯托克斯(unsteady Reynold averaged Navier-Stockes, URANS)方法(传统的 RANS 方法采用非定常计算时一般称为第一代 URANS 方法),总共三大类,如图 1-16 所示。第二代 URANS 方法在形式上与第一代 URANS 方法一致,但在主流分离区域雷诺应力的形式表现

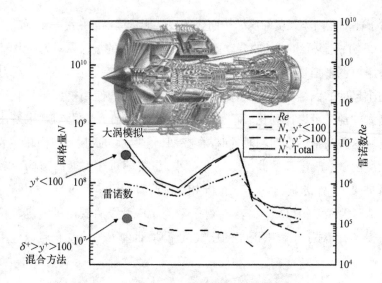

图 1 - 15　发动机不同区域分别采用 LES 和
RANS/LES 耦合方法的计算量[64]

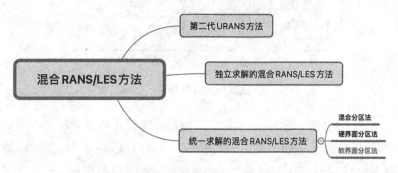

图 1 - 16　混合 RANS/LES 方法分类

出部分 LES 特征。其中最具代表性的为 Girimaji[66] 提出的局部平均纳维-斯托克斯(partially averaged Navier-Stokes, PANS)方法,其思路在于基于 RANS 方法修改湍流模型中某些系数,因此可以捕捉更细微的流场细节的方法。

　　独立求解的混合 RANS/LES 方法[67] 的思想是在流场不同区域分别使用 RANS 方法和 LES 方法进行计算,两种方法的计算区域和分界面进行人为给定,每个区域使用不同的湍流模型进行数值计算。该方法的优点是不存在统一求解的混合 RANS/LES 方法中在 RANS 方法和 LES 方法交界面不易处理的问题;但该方法会存在以下不足: 分界面两侧湍流参数的不连续变化,并且划分界面需要很强的经验性,从而不适用于复杂外形的计算。

统一求解的混合 RANS/LES 方法的构造思想是利用 RANS 方程与 LES 方程基本形式的相似性,在全场使用统一的求解计算,利用流场中自身的一些特点(如利用网格尺度与网格单元到壁面的最近距离两者大小的比较)进行湍流模型和亚格子模型的转换,从而实现在不同区域采用不同求解方法。按照 RANS 方法和 LES 方法分区交界面处理方式的不同,将统一求解混合 RANS/LES 方法又细分为三种,分别为混合(blending)分区方法、硬界面(hard interface)分区方法和软界面(soft interface)分区方法。其中本书所研究的分离涡模拟方法(detached eddy simulation, DES)是统一求解混合 RANS/LES 方法的一个典型代表,属于软界面分区方法,由 Spalart 等[68]于 1997 年提出,可以实现 RANS 和 LES 的自动分区且对程序改动较小,在计算中因此广受欢迎,并被逐渐应用到压气机内流数值模拟中[39,41,69-72],以期能够对压气机近失稳状态下的大尺度分离流动实现高保真模拟,有望提升内流场细微结构捕捉的精细程度,支撑压气机内部流动机理层面研究。

参考文献

[1] LAGRAFF J E, ASHPIS D E, OLDFIELD M L G, et al. Unsteady flows in turbomachinery[C]. New York: Workshop on Unsteady Flows in Turbomachinery, 2006.

[2] THIAM A H, WHITTLESEY R W, WARK C E, et al. Corner separation and the onset of stall in an axial compressor[C]. Seattle: The 38th Fluid Dynamics Conference and Exhibit, 2008.

[3] DENTON J D. Loss mechanisms in turbomachines[J]. Journal of Turbomachinery, 1993, 115(4): 621-656.

[4] 邓向阳.压气机叶尖间隙流的数值模拟研究[D].北京:中国科学院工程热物理研究所,2006.

[5] 卢新根.轴流压气机转子内流数值模拟及叶尖间隙泄漏分析[D].西安:西北工业大学,2004.

[6] 李成勤.低速轴流压气机平面叶栅叶尖泄漏流动的研究[D].北京:中国科学院工程热物理研究所,2011.

[7] RAINS D A. Tip clearance flows in axial flow compressors and pumps[D]. Pasadena: Hydrodynamics and Mechanical Engineering Laboratories, California Institute of Technology, 1954.

[8] LAKSHMINARAYANA B. Methods of predicting the tip clearance effects in axial flow turbomachinery[J]. Journal of Basic Engineering, 1970, 92(3): 467-480.

[9] CHEN G T, GREITZER E M, TAN C S, et al. Similarity analysis of compressor tip clearance flow structure[J]. Journal of Turbomachinery, 1991, 113(2): 260-271.

［10］ BRANDT H, FOTTNER L, SAATHOFF H, et al. Effects of the inlet flow conditions on the tip clearance flow of an isolated compressor rotor［C］. Amsterdam：ASME Turbo Expo 2002：Power for Land, Sea, and Air, 2002.

［11］ INOUE M, KUROUMARU M. Structure of tip clearance flow in an isolated axial compressor rotor［J］. Journal of Turbomachinery, 1989, 111(2)：250-256.

［12］ SCHLECHTRIEM S, LOTZERICH M. Breakdown of tip leakage vortices in compressors at flow conditions close to stall［C］. Orlando：International Gas Turbine and Aeroengine Congress and Exhibition, 1997.

［13］ STORER J A, CUMPSTY N A. Tip leakage flow in axial compressors［J］. Journal of Turbomachinery, 1991, 113(2)：252-259.

［14］ 马宏伟,蒋浩康,叶大均,等. 轴流压气机转子尖区三维紊流特性［J］. 工程热物理学报,1999,20(2)：166-170.

［15］ GAO L, LI R, MIAO F, et al. Unsteady investigation on tip flow field and rotating stall in counter-rotating axial compressor［J］. Journal of Engineering for Gas Turbines and Power, 2015, 137(7)：1-11.

［16］ FURUKAWA M, SAIKI K, YAMADA K, et al. Unsteady flow behavior due to breakdown of tip leakage vortex in an axial compressor rotor at near-stall condition［C］. Munich：ASME Turbo Expo 2000：Power for Land, Sea, and Air, 2000.

［17］ YAMADA K, FUNAZAKI K, FURUKAWA M. The behavior of tip clearance flow at near-stall condition in a transonic axial compressor rotor［C］. Montreal：ASME Turbo Expo 2007：Power for Land, Sea, and Air, 2007.

［18］ 杜娟. 跨音压气机/风扇转子叶尖泄漏流动的非定常机制研究［D］. 北京：中国科学院工程热物理研究所,2010.

［19］ FURUKAWA M, INOUE M, SAIKI K, et al. The role of tip leakage vortex breakdown in compressor rotor aerodynamics［J］. Journal of Turbomachinery, 1999, 121(3)：469-480.

［20］ GARNIER V H. Rotating waves as a stall inception indication in axial compressors［J］. Journal of Turbomachinery, 1991, 113(2)：290-301.

［21］ DAY I J. Stall inception in an axial flow compressor［J］. Journal of Turbomachinery, 1993, 115(1)：1-9.

［22］ SCHULZ H D, GALLUS H D, LAKSHMINARAYANA B. Three-dimensional separated flow field in the endwall region of an annular compressor cascade in the presence of rotor-stator interaction：Part I—Quasi-steady flow field and comparison with steady-state data ［J］. Journal of Turbomachinery, 1990, 112(4)：669-678.

［23］ GBADEBO S A, CUMPSTY N A, HYNES T P. Three-dimensional separation in axial compressors［J］. Journal of Turbomachinery, 2005, 127(2)：331-339.

［24］ LEI V M, SPAKOVSZKY Z S, GREITZER E M. A criterion for axial compressor hub-corner stall［J］. Journal of Turbomachinery, 2008, 130(3)：1-10.

［25］ YU X, LIU B. A prediction model for corner separation/stall in axial compressor［C］. Glasgow：ASME Turbo Expo 2010：Power for Land, Sea, and Air, 2010.

[26] HAH C, LOELLBACH J. Development of hub corner stall and its influence on the performance of axial compressor blade rows[J]. Journal of Turbomachinery, 1999, 121: 67-77.

[27] LEWIN E, STARK U. Experimental and numerical analysis of hub-corner stall in compressor cascades[C]. Glasgow: ASME Turbo Expo 2010: Power for Land, Sea, and Air, 2010.

[28] DONG Y, GALLIMORE S J, HODSON H P. Three-dimensional flows and loss reduction in axial compressors[J]. Journal of Turbomachinery, 1987, 109: 354-361.

[29] 张海灯,吴云,李应红,等.高速压气机叶栅旋涡结构及其流动损失研究[J].航空学报,2014,35(9):2438-2450.

[30] 赵小虎,李应红,吴云,等.高负荷压气机叶栅分离结构及其等离子体流动控制研究[J].航空学报,2012,33(2):208-219.

[31] WANG H, LIN D, SU X, et al. Entropy analysis of the interaction between the corner separation and wakes in a compressor cascade[J]. Entropy, 2017, 19(7): 1-20.

[32] XIA G, MEDIC G, PRAISNER T J. Hybrid RANS/LES simulation of corner stall in a linear compressor cascade[J]. Journal of Turbomachinery, 2018, 140(8): 1-11.

[33] GBADEBO S A. Three-dimensional separations in axial compressors[D]. Cambridge: University of Cambridge, 2004.

[34] GAO F. Advanced numerical simulation of cornerseparation in a linear compressor cascade[D]. Lyon: Ecole Centrale de Lyon, 2014.

[35] CHEN P P, QIAO W Y, LIESNER K, et al. Location effect of boundary layer suction on compressor hub-corner separation[C]. Düsseldorf: ASME Turbo Expo 2014: Turbine Technical Conference and Exposition, 2014.

[36] LIU Y, YAN H, LU L, et al. Investigation of vortical structures and turbulence characteristics in corner separation in a linear compressor cascade using DDES[J]. Journal of Fluids Engineering, 2017, 139(2): 1-14.

[37] MA W, OTTAVY X, LU L, et al. Intermittent corner separation in a linear compressor cascade[J]. Experiments in Fluids, 2013, 54: 1-17.

[38] ZAMBONINI G, OTTAVY X. Unsteady pressure investigations of corner separated flow in a linear compressor cascade[C]. Montreal: ASME Turbo Expo 2015: Turbine Technical Conference and Exposition, 2015.

[39] LIU Y, ZHONG L, LU L. Comparison of DDES and URANS for unsteady tip leakage flow in an axial compressor rotor[J]. Journal of Fluids Engineering, 2019, 141(12): 1-47.

[40] GAO Y, LIU Y, LU L. Investigation of turbulence characteristics in a tip leakage flow model using large-eddy simulation[C]. Phoenix: ASME Turbo Expo 2019: Turbomachinery Technical Conference and Exposition, 2019.

[41] GAO F, MA W, SUN J, et al. Parameter study on numerical simulation of corner separation in LMFA-NACA65 linear compressor cascade[J]. Chinese Journal of Aeronautics, 2017, 30(1): 15-30.

[42] WU C H. A general theory of two-and three-dimensional rotational flow in subsonic and transonic turbomachines[R]. Washington: NASA, 1993.

[43] DENTON J D. A time marching method for two-and three-dimensional blade-to-blade flows[R]. London: Aeronautical Research Council, 1975.

[44] ADLER D. Status of centrifugal impeller internal aerodynamics—part 1: inviscid flow prediction methods[J]. Journal of Engineering for Power, 1980, 102(3): 728–737.

[45] ADLER D, KRIMERMAN Y. On the relevance of inviscid subsonic flow calculations to real centrifugal impellers flow [J]. Journal of Fluids Engineering, 1980, 102 (1): 78–84.

[46] RAI M M. Navier-Stokes simulations of rotor/stator interaction using patched and overlaid grids[J]. Journal of Propulsion and Power, 1987, 3(5): 387–396.

[47] RAI M M. Three-dimensional Navier-Stokes simulations of turbine rotor-stator interaction. part I—methodology[J]. Journal of Propulsion and Power, 1989, 5(3): 305–311.

[48] DAWES W N. Development of a 3D Navier Stokes solver for application to all types of turbomachinery[C]. Amsterdam: ASME 1988 International Gas Turbine and Aeroengine Congress and Exposition, 1988.

[49] MOORE J, MOORE J G, TIMMIS P H. Performance evaluation of centrifugal compressor impellers using three-dimensional viscous flow calculations[J]. Journal of Engineering for Gas Turbines and Power, 1984, 106(2): 475–481.

[50] BRILEY W R, McDONALD H. Solution of the multidimensional compressible Navier-Stokes equations by a generalized implicit method[J]. Journal of Computational Physics, 1977, 24(4): 372–397.

[51] HAH C. Calculation of three-dimensional viscous flows in turbomachinery with an implicit relaxation method[J]. AIAA Journal of Propulsion and Power, 1987, 3(5): 415–422.

[52] HAH C, KRAIN H. Secondary flows and vortex motion in a high-efficiency backswept impeller at design and off-design conditions [J]. ASME Journal of Turbomachinery, 1990, 112(1): 7–13.

[53] HAH C, LOELLBACH J. Development of hub corner stall and its influence on the performance of axial compressor blade rows [J]. Journal of Turbomachinery, 1999, 121(1): 67–77.

[54] HAH C, WENNERSTROM A J. Three-dimensional flowfields inside a transonic compressor with swept blades[J]. Journal of Turbomachinery, 1991, 113(2): 241–250.

[55] GILES M B. Stator/rotor interaction in a transonic turbine [J]. AIAA Journal of Propulsion and Power, 1990, 6(5): 621–627.

[56] 高丽敏. 离心压缩机级内流动的数值分析与实验研究[D]. 西安: 西安交通大学, 2002.

[57] WILCOX D. Turbulence modeling-an overview[C]. Reno: The 39th Aerospace Sciences Meeting and Exhibit, 2001.

[58] FANG L, ZHAO H K, LU L P, et al. Quantitative description of non-equilibrium

turbulent phenomena in compressors[J]. Aerospace Science and Technology, 2017, 71: 78 - 89.

[59] YAN H, LIU Y, LU L. Turbulence anisotropy analysis in a highly loaded linear compressor cascade[J]. Aerospace Science and Technology, 2019, 91: 241 - 254.

[60] MONIER J F, POUJOL N, LAURENT M, et al. LES Investigation of boussinesq constitutive relation validity in a corner separation flow[C]. Oslo: ASME Turbo Expo 2018: Turbomachinery Technical Conference and Exposition, 2018.

[61] 朱海涛. 叶栅流动直接数值模拟[D]. 北京: 北京航空航天大学, 2009.

[62] GAO F. Advanced numerical simulation of corner separation in a linear compressor cascade[D]. Lyon: Ecole Centrale de Lyon, 2014.

[63] WIMSHURST A. Large eddy simulation, fluid mechanics 101[EB/OL]. https://www.fluidmechanics101.com/pages/lectures.html[2020 - 1 - 20].

[64] TUCKER P G. Computation of unsteady turbomachinery flows: part 2—LES and hybrids [J]. Progress in Aerospace Sciences, 2011, 47(7): 546 - 569.

[65] FROEHLICH J, VON TERZI D. Hybrid LES/RANS methods for the simulation of turbulent flows[J]. Progress in Aerospace Sciences, 2008, 44(5): 349 - 377.

[66] GIRIMAJI S S. Partially-averaged Navier-Stokes model for turbulence: a Reynolds-averaged Navier-Stokes to direct numerical simulation bridging method[J]. Journal of Applied Mechanics—Transactions of the ASME, 2006, 73(3): 413 - 421.

[67] QUÉMÉRÉ P, SAGAUT P. Zonal multi-domain RANS/LES simulations of turbulent flows [J]. International Journal for Numerical Methods in Fluids, 2002, 40(7): 903 - 925.

[68] SPALART P R, JOU W H, STRELETS M, et al. Comments on the feasibility of LES for wings and on the hybrid RANS/LES approach[C]. Ruston: The First AFOSR International Conference on DNS/LES, 1997.

[69] SAITO S, YAMADA K, FURUKAWA M, et al. Flow structure and unsteady behavior of hub-corner separation in a stator cascade of a multi-stage transonic axial compressor[C]. Oslo: ASME Turbo Expo 2018: Turbomachinery Technical Conference and Exposition, 2018.

[70] YAMADA K, FURUKAWA M, TAMURA Y, et al. Large-scale detached-eddy simulation analysis of stall inception process in a multistage axial flow compressor[J]. Journal of Turbomachinery, 2017, 139(7): 1 - 11.

[71] LI R, GAO L, ZHAO L, et al. Dominating unsteadiness flow structures in corner separation under high Mach number[J]. AIAA Journal, 2019, 57(7): 2923 - 2932.

[72] LI R, GAO L, MA C, et al. Corner separation dynamics in a high-speed compressor cascade based on detached-eddy simulation[J]. Aerospace Science and Technology, 2020, 99: 1 - 11.

第 2 章
流动控制方程及 DES 类数值方法

2.1 引　言

　　任何流体的运动都遵循三大基本定律,即质量守恒、动量守恒和能量守恒。在牛顿流体范围内,所有重要的流动现象都可以用纳维-斯托克斯方程来表述。因此,纳维-斯托克斯方程又称流动的控制方程,结合理想气体状态方程,方程组得以封闭。但由于高度的非线性,加上流体区域几何结构的复杂性,绝大多数工程实际流动问题都无法得到解析解。借助计算机科学的发展,计算流体力学(CFD)使得复杂边界条件下纳维-斯托克斯方程的离散求解成为可能。在计算流体力学中将时间和空间进行离散,同时将控制方程中的积分项、微分项近似地表示为离散的代数形式,即将积分或微分形式的控制方程转换为代数方程,通过求解代数方程得到流场物理量的离散解,以此预测流体的运动规律,这一过程称为数值求解。计算流体力学数值求解方法并不唯一,然而所有的求解方法都存在计算量与计算精度之间的矛盾。因此,计算流体力学研究的重点之一就是根据不同的物理问题选择“性价比”最高的求解方法。

　　DES 类数值方法兼顾 RANS 方法计算量小和 LES 方法对大尺度涡解析精确的优势。针对压气机内部复杂的流动问题,是最有望在工程上实现的高“性价比”方法。本章详细讨论 DES 类数值方法的提出、思路以及发展,为该方法应用于压气机领域奠定基础。

2.2　可压缩流动的基本控制方程

　　积分守恒型控制方程表示为

$$\frac{\partial}{\partial t}\int_{\Omega} U \mathrm{d}\Omega + \int_{S} \boldsymbol{F} \cdot \mathrm{d}\boldsymbol{S} - \int_{S} \boldsymbol{F}_V \cdot \mathrm{d}\boldsymbol{S} = \int_{\Omega} \boldsymbol{S}_T \mathrm{d}\Omega \qquad (2-1)$$

式中，Ω 为控制体体积；$\boldsymbol{F}$ 为无黏通量矢量；$\boldsymbol{S}$ 为控制体表面的面矢量；$\boldsymbol{F}_V$ 为黏性通量矢量；U 为守恒变量；$\boldsymbol{S}_T$ 为源项。

理论上，方程(2-1)可在任意坐标系下求解，本书分别给出直角坐标系、圆柱坐标系以及基于张量表示的任意坐标系下的表示形式。对于压气机内部流动，一般情况下可以忽略体积力、内部热源和与外界的热交换。

2.2.1 直角坐标系下控制方程

直角坐标系具有简单、直观以及程序编制难度低的优点。在相对坐标系下，忽略体积力和与外界热量的交换，求解变量、无黏通量和黏性通量分别表示为式(2-2)和式(2-3)。直角坐标系下的三个方向 x、y 和 z，在压气机流场求解时，分别代表流向、切向和展向。

$$\boldsymbol{U} = \begin{bmatrix} \rho \\ \rho w_x \\ \rho w_y \\ \rho w_z \\ E \end{bmatrix}, \quad E = \frac{p}{\gamma-1} + \frac{\rho}{2}\boldsymbol{W} \cdot \boldsymbol{W} \qquad (2-2)$$

$$\boldsymbol{F} = \begin{bmatrix} \rho \boldsymbol{W} \\ \rho w_x \boldsymbol{W} + p\boldsymbol{e}_x \\ \rho w_y \boldsymbol{W} + p\boldsymbol{e}_y \\ \rho w_z \boldsymbol{W} + p\boldsymbol{e}_z \\ (E+p)\boldsymbol{W} \end{bmatrix}, \quad \boldsymbol{F}_V = \begin{bmatrix} 0 \\ \boldsymbol{\tau} \cdot \boldsymbol{e}_x \\ \boldsymbol{\tau} \cdot \boldsymbol{e}_y \\ \boldsymbol{\tau} \cdot \boldsymbol{e}_z \\ \boldsymbol{\tau} \cdot \boldsymbol{W} + \kappa \nabla T \end{bmatrix} \qquad (2-3)$$

$$\boldsymbol{\tau} = \mu\left[\nabla \cdot \boldsymbol{W} + (\nabla \cdot \boldsymbol{W})^{\mathrm{T}} - \frac{2}{3}(\nabla \cdot \boldsymbol{W}) \cdot \boldsymbol{I} \right]$$

式中，p 为压力；$\boldsymbol{\tau}$ 为应力张量；T 为温度；w_x、w_y、w_z 为相对速度 $\boldsymbol{W}$ 的三个分量；ρ 为密度；$\boldsymbol{I}$ 为单位矩阵；γ 为绝热指数，取值 1.4；κ 为导热系数，$\kappa = \mu C_p / Pr$。

Pr 为普朗特数，对于理想空气通常取 0.708。μ 称为黏性系数，量纲是 [Pa · s]。在层流情况下，黏性系数用 μ_l 表示，通常采用 Sutherland 公式估算：

$$\mu_l(T) = \mu_\infty \left(\frac{T}{T_\infty}\right)^{1.5} \left(\frac{T_\infty + T_{suth}}{T + T_{suth}}\right) \tag{2-4}$$

通常取 $\mu_\infty = 1.716\times10^{-5}$ Pa·s；$T_\infty = 293.11$ K；$T_{suth} = 110.55$ K。湍流情况下，在 RANS 方法中基于涡黏性假设，$\mu = \mu_l + \mu_t$。μ_t 为湍流黏性系数，通过湍流模型方程求解得到。

由于坐标系的旋转，在动量方程和能量方程中离心力的作用在源项中体现，即

$$S_T = \begin{bmatrix} 0 \\ -\rho\left[2\boldsymbol{\omega} \times \boldsymbol{W} + (\boldsymbol{\omega} \times (\boldsymbol{\omega} \times \boldsymbol{r}))\right] \\ \rho\boldsymbol{W} \cdot \nabla(0.5\omega^2 r^2) \end{bmatrix} \tag{2-5}$$

式中，$\boldsymbol{\omega}$ 为角速度矢量，其标量形式 ω 表示角速度大小；$\boldsymbol{r}$ 为圆周半径矢量，假设 x 为转动轴，直角坐标系下 $\boldsymbol{\omega} \times \boldsymbol{r} = \omega z - \omega y$。

在直角坐标系下，式(2-5)可表示为

$$S_T = \begin{bmatrix} 0 \\ 0 \\ \omega(2\rho w_z + \omega\rho y) \\ \omega(\omega\rho z - 2\rho w_y) \\ \omega^2(\rho w_y y + \rho w_z z) \end{bmatrix} \tag{2-6}$$

当 $\omega = 0$ 时，忽略体积力和与外界交换的热量，源项 $S_T = \boldsymbol{0}$。

2.2.2　圆柱坐标系下控制方程

在压气机内的流体流动问题中，选用适当的坐标系对求解问题是大有帮助的。根据叶轮围绕某个固定轴旋转的特性，选用圆柱坐标系来描述叶轮几何形状和内部流场，显然是十分合适的。以下将给出压气机内部流动的相对圆柱坐标系下的控制方程。

通常取圆柱坐标 (r, θ, z) 的 z 轴与压气机的旋转轴重合，使 θ 角的增加方向与叶轮的旋转方向一致。设旋转角速度为 ω，则针对方程(2-1)中各变量在圆柱坐标系下的表达式为

$$U = \begin{bmatrix} \rho \\ \rho w_z \\ r\rho w_\theta \\ \rho w_r \\ E \end{bmatrix}, \quad E = \frac{p}{\gamma - 1} + \frac{\rho}{2} \boldsymbol{W} \cdot \boldsymbol{W} \qquad (2-7)$$

$$\boldsymbol{F} = \begin{bmatrix} \rho \boldsymbol{W} \\ \rho w_z \boldsymbol{W} + p\boldsymbol{e}_z \\ r\rho w_\theta \boldsymbol{W} + rp\boldsymbol{e}_\theta \\ \rho w_r \boldsymbol{W} + p\boldsymbol{e}_r \\ (E + p)\boldsymbol{W} \end{bmatrix}, \quad \boldsymbol{F}_V = \begin{bmatrix} 0 \\ \boldsymbol{\tau} \cdot \boldsymbol{e}_z \\ r\boldsymbol{\tau} \cdot \boldsymbol{e}_\theta \\ \boldsymbol{\tau} \cdot \boldsymbol{e}_z \\ \boldsymbol{\tau} \cdot \boldsymbol{W} + \kappa \nabla T \end{bmatrix} \qquad (2-8)$$

$$\boldsymbol{S}_T = \begin{bmatrix} 0 \\ 0 \\ -2\rho\omega r w_z \\ \dfrac{\rho w_\theta^2}{r} + \rho r\omega^2 + 2\rho\omega w_\theta + \dfrac{\rho}{r}(p - \tau_{\theta\theta}) \\ 0 \end{bmatrix} \qquad (2-9)$$

黏性应力张量 $\boldsymbol{\tau}$ 在圆柱坐标系下的分量表达式为

$$\tau_{rr} = -\left[\frac{2}{3}\mu\left(\frac{\partial w_r}{\partial r} + \frac{\partial w_\theta}{r\partial\theta} + \frac{w_r}{r} + \frac{\partial w_z}{\partial z}\right)\right] + 2\mu\frac{\partial w_r}{\partial r}$$

$$\tau_{\theta\theta} = -\left[\frac{2}{3}\mu\left(\frac{\partial w_r}{\partial r} + \frac{\partial w_\theta}{r\partial\theta} + \frac{w_r}{r} + \frac{\partial w_z}{\partial z}\right)\right] + 2\mu\left(\frac{\partial w_\theta}{r\partial\theta} + \frac{w_r}{r}\right)$$

$$\tau_{zz} = -\left[\frac{2}{3}\mu\left(\frac{\partial w_r}{\partial r} + \frac{\partial w_\theta}{r\partial\theta} + \frac{w_r}{r} + \frac{\partial w_z}{\partial z}\right)\right] + 2\mu\frac{\partial w_z}{\partial z}$$

$$\tau_{r\theta} = \tau_{\theta r} = \mu\left(\frac{\partial w_\theta}{\partial r} + \frac{\partial w_r}{r\partial\theta} - \frac{w_\theta}{r}\right) \qquad (2-10)$$

$$\tau_{rz} = \tau_{zr} = \mu\left(\frac{\partial w_z}{\partial r} + \frac{\partial w_r}{\partial z}\right)$$

$$\tau_{z\theta} = \tau_{\theta z} = \mu\left(\frac{\partial w_\theta}{\partial r} + \frac{\partial w_z}{r\partial\theta}\right)$$

2.2.3 任意坐标系下控制方程

采用张量分析运算得到任意曲线坐标系积分守恒型纳维-斯托克斯方程的通用形式,表达式简洁并具有非常强的通用性[1,2]。

建立任意的三维空间曲线坐标系 (x^1, x^2, x^3),对应的标架向量为 (e_1, e_2, e_3),相对速度矢量在该坐标系下的逆变分量形式为 $\boldsymbol{W} = w^i e_i$。根据高阶张量场的表达形式,具体见参考文献[1],应力张量 τ_{ij} 在该坐标系下可表示为

$$\tau_{ij} = \mu \left[(\nabla^i w^j + \nabla^j w^i) - \frac{2}{3} g^{ij} \nabla_i w^i \right] e_i e_j \qquad (2-11)$$

为了行文方便,令 $\sigma^{ij} = \mu \left[(\nabla^i w^j + \nabla^j w^i) - \frac{2}{3} g^{ij} \nabla_i w^i \right]$,则 $\tau_{ij} = \sigma^{ij} e_i e_j$。

由此,在该任意坐标系下,式(2-1)中的求解变量、无黏及黏性通量矢量和源项表示为张量的形式:

$$\boldsymbol{U} = \begin{cases} \rho \\ \rho w^i, \\ E \end{cases} \quad \boldsymbol{F} = \begin{cases} \rho w^i \\ \rho w^i w^j + \rho g^{ij} \\ (\rho E + p) w^j \end{cases} \quad \boldsymbol{F}_V = \begin{cases} 0 \\ \sigma^{ij} \\ g_{ik} w^k \sigma^{ij} + \kappa g^{ij} \nabla_i T \end{cases} \quad (2-12)$$

$$\boldsymbol{S}_T = \begin{cases} 0 \\ (\rho w^k w^j - \sigma^{kj} + p g^{kj}) \Gamma^i_{kj} + \rho g^{ki} \varepsilon_{mjk} w^m a^j \\ 0 \end{cases}$$

式中, $a^j = \boldsymbol{\omega} \times \boldsymbol{r} + 2\boldsymbol{W} = g^{kj} \varepsilon_{mik} w^m r^i + 2 w^j$。在上述张量诸关系式中, g^{ij} 为表示空间几何特性的基本度量张量的逆变分量, g 则为度量张量的行列式; Γ^i_{jk} 等为第二类 Christoffel 记号①, ε_{ijk} 为莱维-齐维塔符号②。

张量表示形式可以将直角坐标系和圆柱坐标系统一起来,不同坐标系下 g^{ij} 和 Γ^i_{jk} 的取值不同,如下所示。

---

① 又称联络系数,定义为 $\dfrac{\partial e_j}{\partial x^j} = \Gamma^i_{jk} e_i$。

② Levi - Civita 符号,定义为 $\varepsilon_{ijk} = \begin{cases} 1, & i、j、k \text{ 为 } 1、2、3 \text{ 的偶排列} \\ -1, & i、j、k \text{ 为 } 1、2、3 \text{ 的奇排列} \\ 0, & i=j=k \end{cases}$。

（1）直角坐标系下：

$$g^{11} = 1, \quad g^{22} = 1, \quad g^{11} = 1, \quad g^{ij} = 0 (i \neq j)$$

$$g^{11} = 1, \quad g_{22} = 1, \quad g_{33} = 1, \quad g_{ij} = 0 (i \neq j)$$

$$\Gamma_{11}^{1} = 1, \quad \Gamma_{22}^{2} = 1, \quad \Gamma_{33}^{3} = 1$$

（2）圆柱坐标系下：

$$g^{11} = 1, \quad g^{22} = 1, \quad g^{33} = \frac{1}{r^2}, \quad g^{ij} = 0 (i \neq j)$$

$$g^{11} = 1, \quad g_{22} = 1, \quad g_{33} = r^2, \quad g_{ij} = 0 (i \neq j), \quad g = r^2$$

$$\Gamma_{33}^{2} = -r, \quad \Gamma_{23}^{3} = \Gamma_{32}^{3} = \frac{1}{r}$$

2.2.4　控制方程的无量纲化

控制方程中物理参数在量级上差异悬殊,数值求解运算过程中会造成较大的数值误差和精度损失,需要将控制方程进行无量纲化处理以提高数值结果的保真度。考虑到本书发展的程序主要应用于压气机内流的数值模拟,根据压气机的特征长度与实验测量可以获得的物理量总温 T_{in}^{*}、总压 p_{in}^{*},对控制方程进行无量纲化处理所用到的物理量在表 2-1 中详细地给出。下标"ref"表示用于进行无量纲化的特征参数。需要说明的是,这里的总温、总压都是绝对坐标系下的值。

表 2-1　特征参数的选取

特征参数	特征参数选取	特征参数	特征参数选取
T_{ref}	进口总温 T_{in}^{*}	V_{ref}	$V_{ref} = \sqrt{\gamma R T_{in}^{*}}$
ρ_{ref}	$\rho_{ref} = p_{in}^{*} / (R T_{in}^{*})$	p_{ref}	$p_{ref} = \gamma p_{in}^{*}$
μ_{ref}	进口层流黏性系数	L_{ref}	$L_{ref} = 1$,即不进行无量纲化处理

根据以上特征参数可对控制方程中的物理量进行无量纲化,字母上标"～"表示无量纲化后的物理量。无量纲的密度、温度、压力、速度、黏性系数分别为

$$\tilde{\rho} = \rho/\rho_{ref}, \quad \tilde{T} = T/T_{ref}, \quad \tilde{p} = p/p_{ref}, \quad \tilde{v}_i = v_i/V_{ref}^{①}, \quad \tilde{w}_i = w_i/V_{ref}, \quad \tilde{\mu} = \mu/\mu_{ref}$$

$$(2-13)$$

无量纲的旋转角速度、时间、气体常数分别为

$$\tilde{\omega} = \frac{\omega}{V_{ref}/L_{ref}}, \quad \tilde{t} = \frac{t}{L_{ref}/V_{ref}}, \quad \tilde{R} = \frac{1}{\gamma} \qquad (2-14)$$

将上述无量纲量代入式(2-1)合并整理得无量纲方程为

$$\frac{\partial}{\partial \tilde{t}} \int_{\Omega} \tilde{U} d\tilde{\Omega} + \int_{S} \tilde{F} \cdot d\tilde{S} - \frac{1}{Re_{ref}} \int_{S} \tilde{F}_V \cdot d\tilde{S} = \int_{\Omega} \tilde{S}_T d\tilde{\Omega} \qquad (2-15)$$

式中,Re_{ref} 为特征雷诺数,$Re_{ref} = \rho_{ref} V_{ref} L_{ref}/\mu_{ref}$。

控制方程变量采用无量纲形式后,其形式没有变化,只是在黏性通量项中增加了特征雷诺数项。去掉上标"~"后并不会引起歧义,因此为了简化表述,在不引起歧义的情况下,后文数值方法的相关介绍中均去掉上标。

2.3 DES 类数值方法的提出与保真性影响因素分析

2.3.1 分离涡模拟方法的发展历程

DNS、LES、耦合 RANS/LES 以及 RANS 方法从物理层面来说主要的区别在于解析的涡尺度大小不同。如图 2-1 所示,DNS 是对耗散尺度以上的涡都进行求解,也就是解析所有尺度的涡,不需要湍流模型;LES 方法则是对满足假设的小尺度涡进行模化,而对于大尺度的涡直接进行求解;RANS 方法则是对所有湍流尺度的涡都进行了模化。这里所说的"解析"是指通过数值求解纳维-斯托克斯方程来描述涡从大尺度耗散到小尺度的过程。"模化"就是指用一个模型来模拟小于当前尺度的湍流脉动对平均流的影响。LES 方法网格需求量的突增主要来源于壁面附面层内网格的加密[3]。然而,很多时候人们更关心的是远离壁面区域流场的非定常信息,如尾迹、涡脱落、涡破碎等。因此,如果在近壁面区域采用 RANS 方法对"附着涡"[4]进行模化,在远离壁面区域采用 LES 方法对"分离涡"直接解析,即可兼顾两者的优势。这就是发展 DES

---

① 速度下标"i"取 1、2、3,表示速度分量。

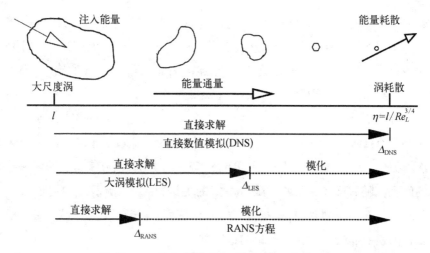

图 2 - 1　不同数值模拟方法解析涡尺度对比图

方法的动机。

分离涡模拟方法最早于 1997 年由 Spalart 等[5]提出,称为"DES97"。虽然最初提出 DES 方法仅是基于 S - A 模型,但可以推广到多种 RANS 湍流模型。目前已发展了基于零方程[6]、一方程[7]、二方程[8, 9]雷诺模型以及耦合转捩模型[10]的 DES 类方法。其构造思路基本相同,具体将在 2.5 节中介绍。目前研究中常见的还是基于 S - A、$k - \omega$ SST 的 DES 类方法。在分离涡模拟方法中,对于近壁面湍流的产生、发展以及分离和再附着等现象模拟的准确性,仍然由湍流模型决定[11],因此针对不同的物理问题,选择基于合适湍流模型的分离涡模拟方法至关重要。

DES 方法对 RANS 和 LES 求解区域的判断严重依赖于当地网格尺度,即对网格有强烈的依赖性。不合适的网格会导致附着区内用于控制 RANS 和 LES 求解的开关提前打开,即提前进入 LES 状态,这就是受到广泛关注的网格诱导分离(grid induced separation, GIS)问题[12]。为了解决 GIS 问题,Spalart 等[12]于 2006 年提出延迟分离涡模拟(delayed detached eddy simulation, DDES)方法,通过引入延迟函数来修正混合长度进而降低对网格密度的过分依赖。

DES 方法中存在的另一个问题是对数层不匹配(log-layer mismatch, LLM)[4]。分区模拟结果给出两个对数层:内部对数层(由 RANS 计算得到)和外部对数层(由 LES 计算得到)。但是,这两个对数层并不匹配,这将导致预测的表面摩擦降低 15%~20%,该误差远远超过航空工业能够容许的范围[13]。DDES 方法虽然对 DES 方法进行了改进,但同样未能解决 LLM 问题。针对该问题,2006 年俄罗斯圣彼得堡国立工业大学 Travin 联合 Spalart 将 DDES 方法与耦合壁面模型的 WMLES(wall-modeled LES)方法相结合,提出了 IDDES 方法[13]。

2005 年 Deck[14]通过独立选择 RANS 和 DES 计算域的思路提出了分区脱体涡模拟(zonal detached eddy simulation, ZDES)方法,以此来解决网格诱导分离的问题。随后又经历了两个版本[15,16]的更迭,在 DES 计算域内可以灵活选择 RANS 到 LES 的过渡方法,提升了对几何突变、逆压梯度以及附面层不稳定等多种因素引起的流动分离现象的适应性。

目前关于分离涡模拟方法还在不断完善改进,本书为了描述方便,在不引起歧义的情况下,统称为 DES 类方法。

2.3.2 基于简单模型的准确性验证

DES 类方法一经提出,其有效性和准确性在简单几何模型中就得到了验证,表 2-2 总结了部分研究,验证的物理现象包括流动分离、涡脱落、激波/涡干涉等,证明了 DES 方法无论在对时均参数预测能力方面还是涡解析的精细程度方面均优于 URANS,尤其在层流分离的情况下性能更佳,如图 2-2 所示,从定性的角度来看,DES 方法可以捕捉到更加精细的涡结构。

表 2-2 DES 类方法准确性典型验证算例统计

文 献	Re	方 法	模型形状	关注物理现象
Kumar 等[17]	$1.0×10^4$	SA-DES	周期山	分离、再附着
陈江涛等[18]	$1.4×10^5$	SA-DES	圆柱	底部涡分离
邓枫等[19]	$1.4×10^5$	SA-DES	圆柱	涡脱落
Breuer 等[20]	$2.0×10^4$	SA-DES	平板	大分离;K-H 不稳定性
Jee 等[8]	$3.9×10^3$	V^2-F-DES	圆柱	附面层内各向异性湍流
Zhao 等[21]	$1.66×10^5$	SST-DES、SST-DDES	串列圆柱	分离流/边界层相互干扰
Xu 等[22]	$3.9×10^3$	SST-DES、SA-DES	圆柱	大分离

续　表

文　献	Re	方　法	模型形状	关注物理现象
Guseva 等[23]	$8.51×10^5$	DDES、IDDES	钝头圆柱	激波涡干涉
Nishino 等[24]	$4.0×10^4$	SA‑DES	近运动壁面圆柱绕流	分离流/边界层相互干扰
SØRENSEN 等[25]	$10\sim1.0×10^6$	$k-\omega$ SST‑DES 耦合 $\gamma-\widetilde{Re}_\theta$ 转捩模型	圆柱	转捩、层流分离、湍流分离

(a) 基于SST模型的URANS计算结果　　　　(b) 基于SST模型的DES计算结果

图 2-2　圆柱绕流涡量等值面[9]（ $Re_D = 5×10^4$ ）

简单模型的验证结果鼓舞着研究人员将其应用到更复杂的高雷诺数大分离流场应用中,尤其是航空领域。然而,在实际工程问题的应用中,还存在数值稳定性、数值精度与计算量的矛盾、流场不同区域的网格分辨率等诸多问题,这将在第 3 章中针对本书研究的压气机流场预测问题进行详细讨论。

2.3.3　DES 类数值方法保真性影响因素

DES 类数值方法虽然与 URANS 方法在求解方程的形式上类似,但本质上是不同的。URANS 是对所有尺度的湍流都进行了模化,只能求解宏观的非定常流动如转静干涉等,但 DES 类方法在大分离区域对大于滤波尺度的湍流是直接解析的。因此,DES 类数值方法在纳维-斯托克斯方程的数值求解上存在异于 URANS 方法的需求。下面从影响 DES 类数值方法精度和准确性的因素出发,探讨高保真数值求解过程中的需求。

1. 网格分辨率

在 DES 类数值方法中,RANS 和 LES 的分区很大程度上取决于当地网格尺度,另外在 LES 求解区域,网格尺度直接决定着滤波尺度,因此网格的分布以及尺度的大小(即网格分辨率)对 DES 类数值方法影响很大。

(1)网格的疏密程度影响 DES 类数值方法对涡的解析程度。图 2-3 为一个圆柱/翼型干涉问题[13],分别采用稀网格和密网格进行 DES 计算,明显看出加密后的网格结果[图 2-3(b)]对涡的脱落过程的模拟更加合理。Morton[26]采用从 $1.2×10^6 ~ 1.07×10^7$ 的网格对三角翼涡破碎问题进行 DES 数值模拟,图 2-4 为不同网格某一瞬态的计算结果,可以看出越密的网格对涡的细节捕捉得更为精细,解析的涡层次也更加丰富。另外在针对圆柱绕流问题[4]以及双圆柱问题[27]的研究中都有相同的结论。

(a) 稀疏网格   (b) 加密网格

图 2-3   瞬态无量纲流向速度云图[13]

(a) 网格数量$1.2×10^6$ (b) 网格数量$2.7×10^6$ (c) 网格数量$6.7×10^6$ (d) 网格数量$1.07×10^7$

图 2-4   三角翼瞬态涡量等值面图[26]

(2)网格的疏密程度对流场的定量预测结果也有较大影响。图 2-5 为上述三角翼问题的定量对比结果,随着网格量的增加,峰值无量纲湍动能与实验结果(0.5)越来越接近。

为提高计算的保真度,很多研究人员针对不同的问题都开展了网格无关性的研究,大都借鉴 URANS 的无关性验证方法,即随着网格量的增加时均参

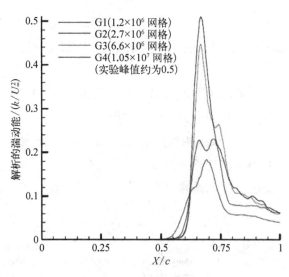

图 2-5　沿三角翼中心线无量纲湍动能分布[26]
（实验峰值约 0.5）

数基本不发生变化。粗略些的是对比全局时均参数[26,27]，也有基于局部细节时均结果的对比[27]。但是时均会抹掉很多非定常细节，虽然时均结果相同，但是从非定常角度来看不同网格结果还是不同[27]。因此，作为非定常且对网格很敏感的 DES 方法寻找合适的网格分辨率是非常困难的。Travin 等[28]在对串列圆柱的研究中表示，很难找到网格的收敛性，这成为影响 DES 类数值方法准确性的一大因素。

2. 时空离散精度

另一个重要的影响因素就是数值格式。为了实现对控制方程的数值求解，需要将时间和空间的微分项表示为离散的代数形式。DES 类数值方法要求数值格式应与 LES 一样严格，因为大多数具有大涡旋分离结构的区域都是通过 LES 求解的，否则无法精细地捕获大规模分离区域中的小尺度涡旋结构。然而，格式精度的提高不仅会增加计算量，而且对计算的稳定性也会造成不利的影响。因此，选择合适的数值格式非常重要。

在 DES 类数值方法中，迎风型和中心型格式都有采用，但从格式本身的特性来说，针对可压缩流场问题，尤其是流场中存在激波时，采用迎风型格式稳定性更强。李雪松等[29]和苏欣荣等[30]针对跨声速叶栅采用 DDES 方法进行数值模拟，前者采用二阶迎风格式的数值模拟中未能很好地捕捉激波与涡的相互干涉,而后者采用五阶迎风格式则很清晰地捕捉到了激波以及激波与附面层相互干扰的现象。由此可见,由于格式引起的数值预测结果的差异同样不容忽视。

西北工业大学高丽敏课题组[31]以二维压气机叶栅为算例,对比了二阶中心差分和四阶中心差分格式的数值结果,如图 2－6 所示,进行 DES 数值模拟时,在相同网格量的情况下,采用低阶格式(二阶中心差分)由于数值黏性较大而无法分辨丰富的涡结构,进而导致高保真的 DES 方法计算出的结果与RANS 的结果并无差异;而高阶格式(四阶中心差分)则可以分辨出更加丰富的涡结构。

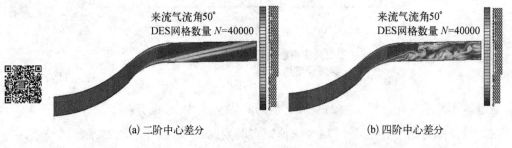

(a) 二阶中心差分   (b) 四阶中心差分

图 2－6   基于 DES 方法的压气机二维叶栅流场的瞬态涡量云图[31]

针对本书所研究的高亚声、强逆压梯度、非定常性流场,高保真数值方法的发展在时间离散和空间离散方面的要求如下。

1) 时间离散

由于流场有非定常效应,合理的非定常时间推进方法对高保真、高效求解非常重要。这里的“合理”表现在离散精度兼顾计算资源的消耗量和数值方法对离散格式精度的需求。时间离散格式分为显式和隐式两种,显格式受限于稳定性要求,物理时间步长很小,需要很大的计算量才能收敛;隐格式虽然可以避免物理步长小的问题,但由于每一个物理时间步内都涉及矩阵的近似求解,无法保证时间精度且计算量极大,尤其在网格量相对较大的高保真算法中,这一问题将更加突出。因此,在时间离散格式的选择中需要兼顾离散精度和计算效率。

2) 空间离散

(1) 低耗散。

高保真方法通过减小湍流模型中耗散项进而减小湍流黏性系数,这就要求空间离散需要通过提高数值格式精度来降低数值黏性(小于湍流黏性),否则由数值黏性主导的流场将无法正确预估流场中的物理黏性。

(2)弱色散。

高亚声速流场通常存在激波问题,若流场本身物理黏性作用较强,则可以克服色散带来的非物理振荡,但对于高雷诺数问题,物理黏性本身较弱,这对数值格式提出了更具挑战性的要求。

(3)稳定性。

高精度数值格式的数值稳定性较差,尤其是对于高速、强逆压梯度的流场,在附面层和滞止点附近,极大的速度梯度更加难以保证求解的稳定性。

综上,空间离散格式需要在保证数值稳定的前提下尽量降低耗散性,在强亚声速问题中还需要考虑格式的色散性。

3. RANS-LES 过渡的"灰区"

分离涡模拟方法没有固定的 RANS 和 LES 分区边界,属于弱 RANS/LES 混合方法,这不可避免地存在"灰区"问题[32]。"灰区"是指网格分辨率的连续变化与 RANS 区域向 LES 区域的突然转变之间的矛盾会导致在该区域的网格既可以符合 RANS 方法,又符合 LES 方法。DES 类数值方法比较理想的状态如图 2-7(Ⅰ)所示,灰区位于附面层之外,保证在近壁面附面层内完全采用 RANS,而在分离区采用 LES。但实际数值计算中研究人员发现了以下问题。

从垂直于气流方向来看,沿着气流方向网格的加密会使得垂直于气流方向上灰区侵入附面层内,如图 2-7(Ⅱ)所示,RANS/LES 的开关位置在附面层内提前打开,而此处的网格分辨率远未达到 LES 方法中亚格子模型的模化尺度,这会导致此处通过 LES 方法得到的速度波动不足以补偿模化应力损失,涡黏性减弱,从而出现模化应力不足(modeled-stress depletion, MSD)的问题,这会产生非物理现象,如表面摩擦应力的过低预测,其可能导致分离线远离壁面而出现网格诱导分离[33]的情况,如图 2-8 所示,这是工程应用所不能接受的。这也被称为"第一类灰区问题"。

沿着气流方向来看,固壁面曲率的变化引发气流从壁面分离,形成自由剪切层,如图 2-7(Ⅲ)所示,此时 DES 类数值方法会过分延迟流向方向 RANS 向 LES 的转换,这会导致该位置湍流黏性过大,因剪切流动所产生的开尔文-亥姆霍兹不稳定性被抑制抹平[34],随之产生的涡结构无法被准确预测,与真实流场不符。这种现象也称为"第二类灰区问题"。

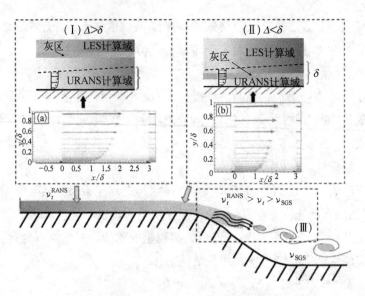

**图 2-7　DES 类方法的理想状态(Ⅰ)、第一类灰区问题(Ⅱ)和
第二类灰区问题(Ⅲ)**[15]**(ν_t 表示运动黏性参数)**

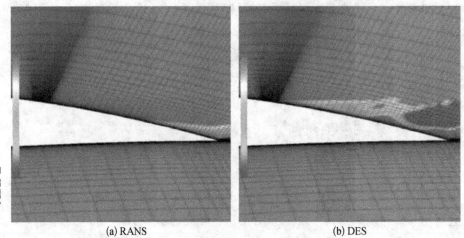

(a) RANS　　　　　　　　　　　　　　　(b) DES

图 2-8　网格诱导分离[33]

　　DES 类数值方法的发展过程中,通过延迟函数、屏蔽函数以及亚格子网格尺度来改变 RANS 到 LES 的过渡方法,进而解决上述两类灰区问题,也出现了多种分离涡模拟方法的版本,但每一种方法都有适用范围,因此根据流场的分离特点选择合适的 RANS 到 LES 的过渡方法对流场预测的保真性非常重要。

2.4　高精度时间和空间离散格式

针对不同的物理问题,选用合理的时间、空间离散格式对于提高保真度、降低计算消耗以及保证计算稳定性具有重要意义。基于 DES 类高保真数值方法对时空离散的特殊需求,本节介绍适用于高亚声、强逆压梯度、非定常性流场的时间和空间离散格式。

2.4.1　时间离散

为了提高非定常流场的时间离散精度且保证较高的计算效率,1991 年 Jameson[35] 提出双时间步(dual-time stepping)法,基本思想为将所求解问题在每一个时间点上转换为定常问题进行迭代求解。时间推进包含物理时间迭代(外迭代)和虚拟时间迭代(内迭代)。在原控制方程(2-1)上增加虚拟时间项后有

$$\int_{\Omega} \frac{\partial U}{\partial \varsigma} \mathrm{d}\Omega = \int_{\Omega} S_T \mathrm{d}\Omega - \left(\int_S F \cdot \mathrm{d}S - \int_S F_V \cdot \mathrm{d}S \right) - \frac{\partial}{\partial t} \int_{\Omega} U \mathrm{d}\Omega \qquad (2-16)$$

式中,ς 为虚拟时间;t 为物理时间。

如此,非定常问题转化为一个定常问题。收敛意味着 $\partial U / \partial \varsigma \to 0$,此时式 (2-16) 与原控制方程(2-1)等价。

1. 物理时间项离散

物理时间项离散采用三点隐式后差格式,即

$$\left(\frac{\partial}{\partial t} \int_{\Omega} U \mathrm{d}\Omega \right)^{n+1} = \frac{3U^{n+1}\Omega^{n+1} - 4U^n\Omega^n + U^{n-1}\Omega^{n-1}}{2\Delta t} \qquad (2-17)$$

式中,n 为物理时间层;Δt 为物理时间步长。

迭代过程中,微元控制体体积即计算网格不随时间变化时,$\Omega^{n+1} = \Omega^n = \Omega^{n-1}$。物理时间步长根据实际的非定常脉动流场选取,不再受计算稳定性的限制。

2. 虚拟时间项离散

虚拟时间项离散采用四阶 Runge-Kutta 显示格式(以下简称 R-K),具有精度高、鲁棒性好等优点,并且在程序上具有很好的继承性,具体如式(2-18)所示:

$$U^{(0)} = U^k$$

$$U^{(m)} = U^{(0)} + \text{CFL} \cdot \alpha_m \frac{\Delta\varsigma}{\Omega}\left[R^{(m-1)} - \frac{\Omega}{2\Delta t}(3U^{(m-1)} - 4U^n + U^{n-1}) \right]$$

$$U^{k+1} = U^{(4)}$$

$$(2-18)$$

式中,k 为虚拟时间层;$\Delta\varsigma$ 为虚拟时间步长;$m \in [1, 2, 3, 4]$;α_m 为系数,$\alpha_m = m/4$;R 为残差,$R = \int_\Omega S_T d\Omega - (\int_S F_I \cdot dS - \int_S F_V \cdot dS)$。

由 Fourier 分析可知,如果黏性项在每一时间步进行计算,则该四阶格式的 CFL 数的极限为 $\text{CFL} \leqslant 2\sqrt{2}$,而若只在第一时间步计算黏性项,则四步格式稳定的 Courant 数为 2.6。对于高速、强低压梯度流场的实际计算中,受限于计算的稳定性,CFL 数的大小需要进一步降低。

为了降低求解耗散项的花费,人工黏性与物理黏性的计算只在时间推进的第一步上进行一次,而在其余的几步上进行冻结。虚拟时间步长并无实际的物理意义,为了加速收敛提高计算效率,减少虚拟时间层迭代的次数,可以采用当地时间步法、隐式残差光顺等加速收敛技术。

2.4.2　空间离散

空间离散包含对无黏通量和黏性通量的离散。黏性项又称扩散项,流场信息由中心向四周扩散,一般采用中心差分格式进行离散,以二阶中心差分格式最为常见。无黏项又称对流项,对流场的数值精度、计算稳定性、准确性等都有决定性作用,在某种程度上可以认为计算格式是数值模拟的灵魂,因此本节重点阐述对流项的空间离散格式。

在有限体积法中,对流项空间离散格式的目的在于获得如图 2-9 中网格面 $J+1/2$ 处的通量。

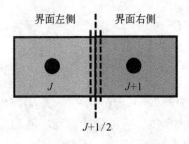

图 2-9　通量求解界面示意图

1. 中心格式与人工黏性

求解各项通量最简单的方法就是根据相邻单元中心点上的参数平均而得,即采用具有二阶精度的中心差分格式对控制方程中的对流项进行离散。

二阶中心格式通量计算逻辑关系简单,易于实现编程,可方便地推广至多块网格系统,在亚声速及跨声速中得到了广泛的应用[36-38],也成为许多商业软件中的首选格式。在光滑流场中,二阶中心差分格式的计算结构具有二阶精度;但是,当流场出现间断时,二阶中心格式的精度难以得到保证。

网格面上的通量有两种计算方法:

(1)根据单元中心点的守恒量求出中心点的通量,再将两中心点通量进行平均得到界面的通量,即

$$F_{I, J+1/2, K} = \left[F(U_{I, J, K}) + F(U_{I, J+1, K}) \right] / 2 \qquad (2-19)$$

(2)以两单元中心点的守恒量平均得到单元面上的守恒量,再计算得到单元面上的通量,即

$$F\left[(U_{I, J, K} + U_{I, J+1, K})/2 \right] \qquad (2-20)$$

式(2-19)的计算量较小,但经验表明式(2-20)的鲁棒性更好,尤其对于高速流动状况。

采用中心差分格式对求解域进行空间离散时不具备耗散性,一些高频误差分量在求解过程中是不衰减的。因此,需要对各面上的通量进行修正或限定,通常称这种修正量为耗散通量,以抑制中心格式可能导致的奇偶失联,有效地捕获激波,从而避免出现振荡现象,使数值解较好地收敛到定常状态,以得到光滑的压力分布。本节介绍采用 Jameson 构造的自适应人工黏性项[36-38],其基本耗散项系数是与压力二阶导数的绝对值成比例的二阶差分项,用这一项可以捕捉激波和滞止点的流动,抑制其前后的数值振荡,但是当计算收敛至稳态时,无法消除解中一些低频的小脉动,于是在此基础上又引入一个四阶差分项作为背景数值黏性来平抑奇偶振荡,用于增加流动光滑区的耗散。

引入人工黏性后,通量表示为

$$F_{I, J+1/2, K} = F\left[(U_{I, J, K} + U_{I, J+1, K})/2 \right] - D_{I, J+1/2, K} \qquad (2-21)$$

式中,$D_{I, J+1/2, K}$ 为对应的耗散,表达式为

$$
\begin{aligned}
D_{I, J+1/2, K} = {} & \varepsilon_{I, J+1/2, K}^{(2)} R_{I, J+1/2, K} \Delta_{I, J+1/2, K} \\
& - \varepsilon_{I, J+1/2, K}^{(4)} R_{I, J+1/2, K} (\Delta_{I, J+3/2, K} - 2\Delta_{I, J+1/2, K} + \Delta_{I, J-1/2, K})
\end{aligned}
$$

$$(2-22)$$

$\boldsymbol{\Delta}$ 为界面两侧守恒变量的差值：

$$\boldsymbol{\Delta}_{I, J+1/2, K} = \boldsymbol{U}_{I, J+1, K} - \boldsymbol{U}_{I, J, K} \qquad (2-23)$$

$R_{I, J+1/2, K}$ 是当地通量的雅可比矩阵谱半径的某种近似，可以取为

$$R_{I, J+1/2, K} = (\Omega_{I, J+1, K}/\Delta t^{*}_{I, J+1, k} + \Omega_{I, J, K}/\Delta t^{*}_{I, J, k})/2 \qquad (2-24)$$

Δt^{*} 是 CFL 为 1 时的当地时间步长。定义：

$$\theta^{(J)}_{I, J, K} = \left| \frac{p_{I, J+1, K} - 2p_{I, J, K} + p_{I, J-1, K}}{p_{I, J+1, K} + 2p_{I, J, K} + p_{I, J-1, K}} \right| \qquad (2-25)$$

则 $\varepsilon^{(2)}$、$\varepsilon^{(4)}$ 的定义为

$$\varepsilon^{(2)}_{I, J+1/2, K} = k^{(2)}\max\{\theta^{(J)}_{I, J+1, K}, \theta^{(J)}_{I, J, K}\}, \quad \varepsilon^{(4)}_{I, J+1/2, K} = \max\{0, (k^{(4)} - \varepsilon^{(2)}_{I, J+1/2, K})\} \qquad (2-26)$$

式中，$k^{(2)}$、$k^{(4)}$ 为输入的常数，一般可取 $k^{(2)} = 0.125 \sim 0.5$，$k^{(4)} = 1/128 \sim 0.025$。当流场中不存在激波时，$k^{(2)} = 0$。这种耗散通量计算公式在解的光滑区为三阶小量，不影响解的精度，但可抑制波动，加速收敛。在激波附近，四阶光滑项被关闭，但二阶耗散项量级为 1。这时格式退化成一阶精度，从而有效地抑制了激波前后的波动。

2. 迎风格式

对流项流场信息传递具有明确的方向性，即流场信息（波）由上游传递到下游，而上游的流场信息更加重要，因此采用迎风型格式离散更能保证计算的稳定性。迎风型格式应用的关键在于找到"风"的方向，即信息（波）的传播方向。对于一维对流方程（$\partial u/\partial t + a\partial u/\partial x = 0$），由于是单波方程，因此通过系数 a 的正负即可判断方向。但纳维-斯托克斯方程是一个多波问题，因此需要借助通量分裂技术对其进行解耦，找到独立传播的波。通量差分分裂方法在满足通量守恒定律的前提下，在特征通量微分分裂的基础上推导而得，具有局部解耦的特性。该方法耗散小，数值振荡低，稳定性较好，对于强逆压梯度的压气机问题是个很好的选择。在通量差分分裂方法中，以 Roe 格式最为典型。

1) Roe 格式构造原理

Roe 格式具有耗散低、间断分辨率高、计算稳定等优点，可实现较高的激波分辨率和涡分辨率，非常适用于高亚声速大分离流场的高保真预测，因此本

书重点介绍通量差分分裂中的 Roe 格式[39]。Roe 格式的思路是对通量项中求解变量的导数进行离散,通过在界面处近似求解 Riemann[40]问题①进而获得穿过界面的通量。由于本节只考虑对流项的离散方法,与黏性项和源项无关,为了方便阐述,这里首先考虑一维 Euler 方程:

$$\frac{\partial \boldsymbol{U}}{\partial t} + \frac{\partial \boldsymbol{F}}{\partial x} = 0 \qquad (2-27)$$

式中,

$$\boldsymbol{U} = \begin{bmatrix} \rho \\ \rho u \\ E \end{bmatrix}, \quad \boldsymbol{F} = \begin{bmatrix} \rho u \\ \rho u^2 + p \\ u(E + p) \end{bmatrix}$$

u 表示一维速度。其中通量矢量 $\boldsymbol{F}$ 是求解变量 $\boldsymbol{U}$ 的函数,因此式(2 - 27)可以写为

$$\frac{\partial \boldsymbol{U}}{\partial t} + \boldsymbol{A} \cdot \frac{\partial \boldsymbol{U}}{\partial x} = \boldsymbol{0} \qquad (2-28)$$

式中,$\boldsymbol{A} = \partial \boldsymbol{F}/\partial \boldsymbol{U}$ 是该方程组的雅可比矩阵,如此一来,式(2 - 28)形式就与一维对流方程相同。Roe 格式的目的在于寻找一个近似矩阵 $\widehat{\boldsymbol{A}}(\boldsymbol{U}_L, \boldsymbol{U}_R)$,且满足以下三个条件:

(1) $\boldsymbol{F}(\boldsymbol{U}_R) - \boldsymbol{F}(\boldsymbol{U}_L) = \widehat{\boldsymbol{A}}(\boldsymbol{U}_R - \boldsymbol{U}_L)$,即 $\widehat{\boldsymbol{A}}(\boldsymbol{U}_L, \boldsymbol{U}_R)$ 是 $\boldsymbol{F}(\boldsymbol{U})$ 的平均增长率;

(2) $\widehat{\boldsymbol{A}}(\boldsymbol{U}_L, \boldsymbol{U}_R)$ 连续,且与精确的雅可比矩阵 $\boldsymbol{A}(\boldsymbol{U})$ 一致,即 $\widehat{\boldsymbol{A}}(\boldsymbol{U}, \boldsymbol{U}) = \boldsymbol{A}(\boldsymbol{U})$;

(3) $\widehat{\boldsymbol{A}}(\boldsymbol{U}_L, \boldsymbol{U}_R)$ 有特征值且可通过相似变换对角化。

其中,$\boldsymbol{U}_L$ 和 $\boldsymbol{U}_R$ 分别表示界面 $J+1/2$ 左右两侧的重构变量,如图 2 - 9 所示,详细的重构方面将在后面给出,这里采用最为简单的重构方法,即 $\boldsymbol{U}_L = \boldsymbol{U}_{J-1}$,$\boldsymbol{U}_R = \boldsymbol{U}_{J+1}$。Roe 提出了一种基于 Roe 平均的近似矩阵,见式(2 - 29),上标"-"表示 Roe 平均。

---

① Riemann 问题,又称黎曼问题,是一个特定的初值问题,由守恒方程和分段常量初始条件组成。初始常量在目标界面处不连续。

$$\hat{A} = \begin{bmatrix} 0 & 1 & 0 \\ (\gamma - 1)\bar{H} - \bar{u}^2 - \bar{a}^2 & (3 - \gamma)\bar{u} & \gamma - 1 \\ (\bar{u}/2)\left[(\gamma - 3)\bar{H} - \bar{a}^2\right] & \bar{H} - (\gamma - 1)\bar{u}^2 & \gamma\bar{u} \end{bmatrix} \quad (2-29)$$

式中,H 表示总焓;a 表示声速;Roe 平均计算式为

$$\bar{u} = \frac{\sqrt{\rho_L}u_L + \sqrt{\rho_R}u_R}{\sqrt{\rho_L} + \sqrt{\rho_R}}, \quad \bar{H} = \frac{\sqrt{\rho_L}H_L + \sqrt{\rho_R}H_R}{\sqrt{\rho_L} + \sqrt{\rho_R}}, \quad H = \frac{E + p}{\rho}$$

那么从 $\boldsymbol{U}_L$ 到 $\boldsymbol{U}_R$ 的变化可以用 $\hat{\boldsymbol{A}}$ 矩阵的特征向量 $\bar{\boldsymbol{\varphi}}$ 表示为

$$\begin{aligned} \boldsymbol{U}_R - \boldsymbol{U}_L &= \sum_{k=1}^{3} (\beta_{k\parallel R} - \beta_{k\parallel L})\bar{\boldsymbol{\varphi}}_k \\ &= \sum_{k=1}^{3} \alpha_k \bar{\boldsymbol{\varphi}}_k \end{aligned} \quad (2-30)$$

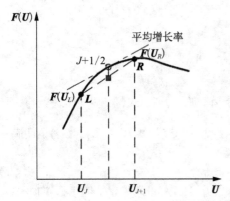

图 2-10　界面通量求解示意图

其中,$\alpha_k = \beta_{k\parallel R} - \beta_{k\parallel L}$,$k$ 是矩阵维数。考虑到 $\hat{\boldsymbol{A}}$ 矩阵的特征值 $\bar{\lambda}_i$,则从 $\boldsymbol{U}_L$ 到 $\boldsymbol{U}_R$ 通量的平均增长可以表示为

$$\Delta \boldsymbol{F} = - \sum_{k=1}^{3} |\bar{\lambda}_k| \alpha_k \bar{\boldsymbol{\varphi}}_k \quad (2-31)$$

其含义如图 2-10 所示,近似为界面 $J+1/2$ 处通量值(圆形点)与线性变化过程中界面处通量值(方形点)之间的差值。因此 $J+1/2$ 处的通量值为

$$\boldsymbol{F}_{J+1/2} = \frac{1}{2}(\boldsymbol{F}_{J+1/2\parallel L} + \boldsymbol{F}_{J+1/2\parallel R}) - \frac{1}{2}\sum_{k=1}^{3} \alpha_k |\bar{\lambda}_k| \bar{\boldsymbol{\varphi}}_k$$

$$\alpha_1 = \frac{1}{2\bar{a}^2}\left[(p_R - p_L) - \bar{a}\sqrt{\rho_L \rho_R}(U_R - U_L)\right], \quad \alpha_2 = (\rho_R - \rho_L) - \frac{1}{\bar{a}^2}(p_R - p_L),$$

$$\alpha_3 = \frac{1}{2\bar{a}^2}\left[(p_R - p_L) + \bar{a}\sqrt{\rho_L \rho_R}(U_R - U_L)\right]$$

$$\bar{\lambda}_1 = \bar{u} - \bar{a}, \quad \bar{\lambda}_2 = \bar{u}, \quad \bar{\lambda}_3 = \bar{u} + \bar{a}$$

$$\bar{\boldsymbol{\varphi}}_1 = [1 \quad \bar{u} - \bar{a} \quad \bar{H} - \bar{u}\bar{a}]^{\mathrm{T}}, \quad \bar{\boldsymbol{\varphi}}_2 = [1 \quad \bar{u} \quad \bar{u}^2/2]^{\mathrm{T}}, \quad \bar{\boldsymbol{\varphi}}_3 = [1 \quad \bar{u} + \bar{a} \quad \bar{H} + \bar{u}\bar{a}]^{\mathrm{T}}$$

$$(2-32)$$

2) 三维问题中 Roe 格式的使用

Roe 格式应用于三维问题时,可以通过采用局部坐标系变换的方式,将三维问题转化为"准一维"问题求解。如图 2-11 所示,将界面处的动量矢量分解为法向($\boldsymbol{n}$)和平行于界面且互相垂直的两个方向($\boldsymbol{C}_1$、$\boldsymbol{C}_2$)的三个分量,见式(2-33)。实际穿过界面的是法向分量,因此三维问题简化为沿着界

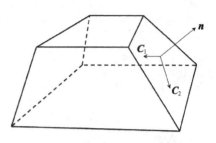

图 2-11 网格界面法、切向量示意图

面法线方向的一维问题。完成准一维问题的通量求解后,通过坐标系逆变换即可获得全局坐标系下的通量矢量,见式(2-34),这极大地简化了计算。

$$u_n = \boldsymbol{W} \cdot \boldsymbol{n}, \quad u_{c1} = \boldsymbol{W} \cdot \boldsymbol{C}_1,$$
$$u_{c2} = \boldsymbol{W} \cdot \boldsymbol{C}_2 \tag{2-33}$$

$$\boldsymbol{F}_{J+1/2} = \begin{bmatrix} \hat{F}_1 \\ \hat{F}_2 n_x + \hat{F}_3 C_{1x} + \hat{F}_4 C_{2x} \\ \hat{F}_2 n_y + \hat{F}_3 C_{1y} + \hat{F}_4 C_{2y} \\ \hat{F}_2 n_z + \hat{F}_3 C_{1z} + \hat{F}_4 C_{2z} \\ \hat{F}_5 \end{bmatrix}_{J+1/2} \tag{2-34}$$

其中,$\hat{\boldsymbol{F}}_{J+\frac{1}{2}} = [\hat{F}_1, \ \hat{F}_2, \ \hat{F}_3, \ \hat{F}_4, \ \hat{F}_5]^{\mathrm{T}}_{J+\frac{1}{2}}$ 表示局部坐标系下 $J + \dfrac{1}{2}$ 处的通量。

经过推导,三维问题中局部坐标系下的通量及各项表示为

$$\hat{\boldsymbol{F}}_{J+\frac{1}{2}} = \frac{1}{2}(\hat{\boldsymbol{F}}_{J+\frac{1}{2}\|L} + \hat{\boldsymbol{F}}_{J+\frac{1}{2}\|R}) - \frac{1}{2}\sum_{k=1}^{5} \alpha_k \mid \bar{\lambda}_k \mid \bar{\varphi}_k$$

$$\boldsymbol{F}_{J+1/2\|L} = \begin{bmatrix} \rho_L u_{n\|L} \\ \rho_L u_{n\|L} u_{n\|L} + p_L \\ \rho_L u_{n\|L} u_{c_1\|L} \\ \rho_L u_{n\|L} u_{c_2\|L} \\ (E_L + p_L) u_{n\|L} \end{bmatrix}, \quad \boldsymbol{F}_{J+1/2, R} = \begin{bmatrix} \rho_R u_{n\|R} \\ \rho_R u_{n\|R} u_{n\|R} + p_R \\ \rho_R u_{n\|R} u_{c_1\|R} \\ \rho_R u_{n\|R} u_{c_2\|R} \\ (E_R + p_R) u_{n\|R} \end{bmatrix}$$

$$\alpha_1 = \frac{1}{2\bar{a}^2}(\Delta p - \bar{\rho}\,\bar{a} \cdot \Delta u_n), \quad \alpha_2 = \Delta \rho - \Delta p / \bar{a}^2$$

$$\alpha_3 = \overline{\rho} \cdot \Delta u_{c_1}, \quad \alpha_4 = \overline{\rho} \cdot \Delta u_{c_2}, \quad \alpha_5 = \frac{1}{2\overline{a}^2}(\Delta p + \overline{\rho}\, \overline{a} \cdot \Delta u_n)$$

$$\Delta \rho = \rho_R - \rho_L, \quad \Delta p = p_R - p_L, \quad \Delta u_n = u_{n\|R} - u_{n\|L},$$

$$\Delta u_{c_1} = u_{c_1\|R} - u_{n\|L}, \quad \Delta u_{c_2} = u_{c_2\|R} - u_{c_2\|L}, \quad \overline{\rho} = \sqrt{\rho_L \rho_R}$$

$$\overline{\varphi}^{(1)} = \begin{bmatrix} 1 \\ \overline{u}_n - \overline{a} \\ \overline{u}_{c_1} \\ \overline{u}_{c_2} \\ \overline{H} - \overline{u}_n \overline{a} \end{bmatrix}, \quad \overline{\varphi}^{(2)} = \begin{bmatrix} 1 \\ \overline{u}_n \\ \overline{u}_{c_1} \\ \overline{u}_{c_2} \\ \frac{1}{2}(\overline{u}_n^2 + \overline{u}_{c_1}^2 + \overline{u}_{c_2}^2) \end{bmatrix}, \quad \overline{\varphi}^{(3)} = \begin{bmatrix} 0 \\ 0 \\ 1 \\ 0 \\ \overline{u}_{c_1} \end{bmatrix}$$

$$\overline{\varphi}^{(4)} = \begin{bmatrix} 0 \\ 0 \\ 0 \\ 1 \\ \overline{u}_{c_2} \end{bmatrix}, \quad \overline{\varphi}^{(5)} = \begin{bmatrix} 1 \\ \overline{u}_n + \overline{a} \\ \overline{u}_{c_1} \\ \overline{u}_{c_2} \\ \overline{H} + \overline{u}_n \overline{a} \end{bmatrix}$$

$$\overline{\lambda}_1 = \overline{u}_n - \overline{a}, \quad \overline{\lambda}_2 = \overline{\lambda}_3 = \overline{\lambda}_4 = \overline{u}_n, \quad \overline{\lambda}_5 = \overline{u}_n + \overline{a}$$

$$(2-35)$$

式中,a 为声速;u_n、u_{c_1}、u_{c_2} 为界面法向和两个切向的速度。

3) LDE 格式

Roe 格式存在的问题之一是计算量太大,需要花费很多中央处理器(CPU)时间,为此 Zha 等[41]发展了 LDE(low diffusion E-CUSP)格式,其思想是将无黏通量分解成为压力通量和守恒型通量两部分,这有效避免了繁杂的矩阵运算,节省了大量的计算时间,并且它也同时具备 Roe 格式的优点,有着低耗散捕捉激波和接触间断的能力,但相对于 Roe 格式,LDE 格式有着计算量较小、收敛速度较快和稳定性较好的优点。

一维 Euler 方程(2-20)中的无黏通量 $\boldsymbol{F}$ 可以分解为

$$\boldsymbol{F} = \boldsymbol{F}^c + \boldsymbol{F}^p = \begin{pmatrix} \rho u \\ \rho u^2 \\ Eu \end{pmatrix} + \begin{pmatrix} 0 \\ p \\ pu \end{pmatrix} \tag{2-36}$$

F^c 的雅可比矩阵的特征值是 (u, u, u)，代表着对流项，可以改写为

$$F^c = \rho u \begin{pmatrix} 1 \\ u \\ E/\rho \end{pmatrix} = \rho u \boldsymbol{q} \qquad (2-37)$$

F^p 的雅可比矩阵是 $(-a, 0, a)$，其中 $a = (\gamma RT)^{1/2}$ 是声速，正负代表着波传播的方向。针对以上分解的两项，Zha 等[41]建议以迎风的方式处理 F^c，在 $J+1/2$ 界面上的 F^c 通量为（为了简化表达，在不引起歧义的前提下，将 $J+1/2$ 简写为 $1/2$）

$$F^c_{1/2} = a_{1/2}[\rho_L a^+ \boldsymbol{q}_L + \rho_R a^- \boldsymbol{q}_R] \qquad (2-38)$$

式中，

$$a_{1/2} = \frac{1}{2}(a_L + a_R)$$

$$a^+ = \alpha_L^+(1 + \beta_L)M_L - \beta_L M_L^+ - M_{1/2}^+, \quad a^- = \alpha_R^-(1 + \beta_R)M_R - \beta_R M_R^- + M_{1/2}^-$$

$$\alpha_{L,R}^{\pm} = \frac{1}{2}[1 \pm \text{sign}(M_{L,R})], \quad \beta_{L,R} = -\max[0, 1 - \text{int}(|M_{L,R}|)]$$

$$M_{L,R} = \frac{u_{L,R}}{C_{1/2}}, \quad M_{1/2}^+ = M_{1/2}\frac{a_R + a_L\phi}{a_R + a_L}, \quad M_{1/2}^- = M_{1/2}\frac{a_L + a_R\phi^{-1}}{a_L + a_R}$$

$$\phi = \frac{\rho_R a_R^2}{\rho_L a_L^2}, \quad M_{1/2} = \beta_L \delta^+ M_L^- - \beta_R \delta^- M_R^+$$

$$M_{L,R}^{\pm} = \pm\frac{1}{4}(M_{L,R} \pm 1)^2, \quad \delta^{\pm} = \frac{1}{2}\left\{1 \pm \text{sign}\left[\frac{1}{2}(M_L + M_R)\right]\right\}$$

$$(2-39)$$

而对于传播方向的 F^p 分裂为迎风项和顺风项，并分别以 $u-a$ 和 $u+a$ 为权重进行加权取平均，表达式为

$$F^p = \begin{bmatrix} 0 \\ p \\ pu \end{bmatrix} = \begin{bmatrix} 0 \\ \lambda_L^+ p_L + \lambda_R^- p_R \\ a_{1/2}(S_L^+ p_L + S_R^+ p_R) \end{bmatrix} \qquad (2-40)$$

式中，

$$\lambda_{L,R}^{\pm} = \left[\alpha(1+\beta) - \beta\chi^{\pm}\right]_{L,R}$$

$$\chi_{L,R}^{\pm} = \frac{1}{4}(M_{L,R} \pm 1)^2(2 \mp M_{L,R})$$

$$S_{L,R}^{\pm} = \left[\alpha^{\pm}(1+\beta)M_{L,R} - \beta M_{L,R}\right] \tag{2-41}$$

$$M_{L,R} = \frac{u_{L,R}}{a_{1/2}}$$

LDE 格式在三维网格中应用的思路与 Roe 格式相同,此处不再赘述。

3. 变量重构

通常采用 Roe、LDE 等通量分裂型离散格式求解方程时,为了在无黏通量的计算中获得高的精度,对于网格单元左、右两侧的原始变量需要使用相邻单元处的值[即以式(2-29)~式(2-35)以及式(2-38)~式(2-41)中下标为 L 和 R 表示的单元左、右侧界面处的值]进行重构加以确定,通常由通量限制器、MUSCL 插值或者 WENO 重构求得,下面介绍对界面左、右两侧变量取得不同精度的重构方法。

MUSCL 插值是迎风格式最常用的插值方法,它可以在保持迎风格式单调性的同时,提高迎风格式的精度。通量限制器可以限制高阶项,有效避免数值振荡,通常和 MUSCL 插值搭配使用,也可以独立使用,独立使用通量限制器时仅具备一阶精度。如果不采用 MUSCL 插值和通量限制器,也可以采用零阶重构达到一阶精度,零阶重构就是采用一阶格式使界面具有迎风特性。本节分别对零阶重构、MUSCL 插值、MUSCL 插值+通量限制器、单独采用通量限制器、五阶 WENO 重构五部分进行研究,下面将以单元界面 $(I, J+1/2, L)$ 处的变量 $U_{I,J+1/2,K\|L}$ 和 $U_{I,J+1/2,K\|R}$ 为例进行说明,以下将省略下标 I、K,简洁描述为 $U_{J+1/2\|L}$ 和 $U_{J+1/2\|R}$,这里 U 表示式(2-1)中求解变量矩阵 U 的元素。

1) 零阶重构

零阶重构的优点是构造简单,并能使界面处具备迎风特性,缺点是仅具备一阶精度,且对激波的捕捉能力不强。其构造方式如下:

$$U_{J+1/2\|L} = U_J, \quad U_{J+1/2\|R} = U_{J+1} \tag{2-42}$$

2) MUSCL 插值

MUSCL 插值[42]可以使迎风格式具备单调特性,并且通过改变参数,可以提高迎风格式的精度。该插值可以表示为

$$U_{J+1/2\|L} = U_J + \frac{1}{4}\left[(1-\kappa)\Delta_J^- + (1+\kappa)\Delta_J^+\right] \tag{2-43}$$

$$U_{J+1/2\|R} = U_{J+1} - \frac{1}{4}\left[(1-\kappa)\Delta_{J+1}^+ + (1+\kappa)\Delta_{J+1}^-\right]$$

式中，

$$\Delta_J^+ = U_{J+1} - U_J, \quad \Delta_J^- = U_J - U_{J-1} \tag{2-44}$$

系数 $\kappa \in [-1, 1]$，当 κ 取不同值时会构造成不同的差分格式：当 $\kappa = -1$ 时，为二阶迎风差分格式；当 $\kappa = 1/3$ 时，为三阶迎风差分格式；当 $\kappa = 1$ 时，则为中心差分格式，此时需要添加人工黏性，才可避免光滑区域内奇偶失联以及抑制间断面数值波动。但是应该注意的是，对于二维流动和三维流动，当 $\kappa = 1/3$ 时也只能达到二阶精度，三阶精度只能在一维流动中实现。

3）MUSCL 插值+通量限制器

若流场存在不连续流动（如激波），则采用式（2-43）有时会出现数值振荡现象，所以此时 MUSCL 插值要配合通量限制器使用。通量限制器可以随流场参数的空间变换限制高阶项，有效避免求解时产生数值振荡。实际情况表明，通量限制器的使用对稳定性和数值精度影响很大，如何选择与格式匹配的限制器十分重要，会影响程序的稳定性、数值精度和收敛性。

（1）MUSCL 插值+van Albada 限制器。

van Albada 限制器[43]是最常用的通量限制器之一，其可有效抑制数值振荡。MUSCL 插值+van Albada 限制器的表达式如下：

$$U_{J+1/2\|L} = U_J + \frac{1}{4}\left[(1-\kappa s_J)\Delta_J^- + (1+\kappa s_J)\Delta_J^+\right] \tag{2-45}$$

$$U_{J+1/2\|R} = U_{J+1} - \frac{1}{4}\left[(1-\kappa s_{J+1})\Delta_{J+1}^+ + (1+\kappa s_{J+1})\Delta_{J+1}^-\right]$$

式中，s 是 van Albada 函数，其表达式为

$$s_J = \frac{2\Delta_J^+ \Delta_J^- + \varepsilon}{(\Delta_J^+)^2 + (\Delta_J^-)^2 + \varepsilon} \tag{2-46}$$

ε 为一小量（$\varepsilon \approx 1 \times 10^{-6}$），可避免 s 在流动光滑区内为零的情况发生。

（2）MUSCL 插值+min mod 限制器。

min mod 限制器[44]的作用是异号时取零，同号时取最小绝对值，即

$$\min \text{mod}(a, b) = \frac{\text{sign}(a) + \text{sign}(b)}{2}\min(\mid a \mid, \mid b \mid) \quad ① \quad (2-47)$$

MUSCL 插值+min mod 限制器的表达式如下：

$$U_{J+1/2\parallel L} = U_J + \frac{1}{4}\left[(1-\kappa)\min \text{mod}(\Delta_J^-, b\Delta_J^+) + (1+\kappa)\min \text{mod}(b\Delta_J^-, \Delta_J^+)\right]$$

$$U_{J+1/2\parallel R} = U_J - \frac{1}{4}\left[(1-\kappa)\min \text{mod}(\Delta_{J+1}^-, b\Delta_{J+1}^+) + (1+\kappa)\min \text{mod}(b\Delta_{J+1}^-, \Delta_{J+1}^+)\right]$$

$$(2-48)$$

式中，$1 \leqslant b \leqslant \dfrac{3-\kappa}{1-\kappa}$，通常将 b 取 1 即可。

（3）通用形式的 MUSCL 插值+限制器。

以上通量限制器的形式不统一，为便于分析比较，将以上通量限制器写成统一形式：

$$U_{J+1/2\parallel L} = U_J + \frac{1}{4}\left[(1-\kappa)\varphi(r_L) + (1+\kappa)r_L\varphi\left(\frac{1}{r_L}\right)\right]_J \Delta_J^-$$

$$U_{J+1/2\parallel R} = U_{J+1} + \frac{1}{4}\left[(1-\kappa)\varphi(r_R) + (1+\kappa)r_R\varphi\left(\frac{1}{r_R}\right)\right]_{J+1} \Delta_{J+1}^+$$

$$(2-49)$$

式中，$r_L = \dfrac{\Delta_J^+}{\Delta_J^-}$，　$r_R = \dfrac{\Delta_{J+1}^-}{\Delta_{J+1}^+}$，注意有 $\Delta_J^+ = \Delta_{J+1}^-$。

对于不同的限制器，$\varphi(r)$ 的取值不同。

van Albada 限制器：

$$\varphi(r) = \frac{r + \mid r \mid}{1 + r} \quad (2-50a)$$

min mod 限制器：

$$\varphi(r) = \frac{r^2 + r}{1 + r^2} \quad (2-50b)$$

---

① sign 为符号函数，其功能为取某个数的符号，即 $\text{sin}(a) = \begin{cases} 1, & a>0 \\ 0, & a=0 \\ -1, & a<0 \end{cases}$。

此时,通量限制器的函数形式便统一了。

4) 单独采用通量限制器

若不采用 MUSCL 插值,而单独采用通量限制器,则可以达到一阶精度,此时的界面两侧插值方法如下所示。

(1) van Albada 限制器。

van Albada 限制器公式如下:

$$U_{J+1/2\|L} = U_J - \frac{1}{2}S(\Delta_J^-, \Delta_J^+), \quad U_{J+1/2\|R} = U_{J+1} - \frac{1}{2}S(\Delta_J^-, \Delta_J^+)$$

$$(2-51)$$

其中,限制器函数 $S(a, b) = \dfrac{(a^2 + \varepsilon)b + (b + \varepsilon)a}{a^2 + b^2 + 2\varepsilon}$。

(2) min mod 限制器。

min mod 限制器公式如下:

$$U_{J+1/2\|L} = U_J - \frac{1}{2}\min\,\text{mod}(\Delta_J^-, \Delta_J^+)$$

$$U_{J+1/2\|R} = U_{J+1} - \frac{1}{2}\min\,\text{mod}(\Delta_J^-, \Delta_J^+)$$

$$(2-52)$$

5) 五阶 WENO 重构

WENO 全称为本质加权无振荡(weighted essentially non-oscillatory,WENO)格式[45],其具有稳定、本质无振荡和高激波分辨率的优势,在航空领域获得广泛关注[46-48]。WENO 可以构造出三阶、五阶、七阶以及更高阶的格式,精度阶越高意味着计算量越大。权衡计算量和精度,本书以折中的五阶WENO 为例展开介绍。其基本思想是采用界面周围的 5 个格心点的值(上游 3 个,下游 2 个),以相邻的 3 个格心点为一组分成三个模板,如图 2-12 所示,分别在每个模板上构造三阶精度的插值,然后通过加权获得五阶精度的插值。

构造左侧变量 $U_{J+1/2\|L}$ 时,波从左侧传向右侧,采用偏向左侧的 5 个点来构造,即 $(J-2, J-1, J, J+1, J+2)$,如图 2-12(a)所示,格式构造方法见式(2-53)。

$$U_{J+1/2\|L} = \beta_1 q_{J+1/2}^{(1)} + \beta_2 q_{J+1/2}^{(2)} + \beta_3 q_{J+1/2}^{(3)} \qquad (2-53)$$

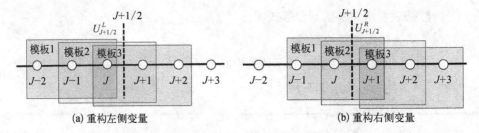

图 2-12   五阶 WENO 重构界面左右两侧变量的示意图

式中，$q_{J+1/2}^{(k)}$ 为每个模板构造的三阶插值；β_k 为每个模板的权重系数。

每个模板的插值和权重系数的构造见式(2-54)：

$$q_{J+1/2}^{(1)} = \frac{1}{3}U_{J-2} - \frac{7}{6}U_{J-1} + \frac{11}{6}U_J$$

$$q_{J+1/2}^{(2)} = -\frac{1}{6}U_{J-1} + \frac{5}{6}U_J + \frac{1}{3}U_{J+1}$$

$$q_{J+1/2}^{(3)} = \frac{1}{3}U_J + \frac{5}{6}U_{J+1} - \frac{1}{6}U_{J+2}$$

$$\beta_k = \frac{\eta_k}{\eta_1 + \eta_2 + \eta_3}, \quad \eta_k = \frac{B_k}{(\varepsilon + \mathrm{IS}_k)^e}, \quad k = 1, 2, 3, \quad e = 2, \quad \varepsilon = 10^{-6}$$

$$B_1 = 1/10, \quad B_2 = 6/10, \quad B_3 = 3/10$$

$$\mathrm{IS}_1 = \frac{1}{4}(U_{J-2} - 4U_{J-1} + 3U_J)^2 + \frac{13}{12}(U_{J-2} - 2U_{J-1} + U_J)^2$$

$$\mathrm{IS}_2 = \frac{1}{4}(U_{J-1} - U_{J+1})^2 + \frac{13}{12}(U_{J-1} - 2U_J + U_{J+1})^2$$

$$\mathrm{IS}_3 = \frac{1}{4}(3U_J - 4U_{J+1} + U_{J+2})^2 + \frac{13}{12}(U_J - 2U_{J+1} + U_{J+2})^2$$

$$(2-54)$$

右侧 $U_{J+1/2\|R}$ 的构造方法与上面相似，不同的是，此时波从右侧向左侧传播，相当于右侧是上游，采用($J-1$, J, $J+1$, $J+2$, $J+3$)来构造，与左侧的构造格式在 $J+1/2$ 界面处呈镜面对称关系，如图 2-12(b)所示，格式构造见式(2-55)和式(2-56)：

$$U_{J+1/2\|R} = \beta_1 q_{J+1/2}^{(1)} + \beta_2 q_{J+1/2}^{(2)} + \beta_3 q_{J+1/2}^{(3)} \qquad (2-55)$$

$$q_{J+1/2}^{(1)} = \frac{1}{3}U_{J+3} - \frac{7}{6}U_{J+2} + \frac{11}{6}U_{J+1}$$

$$q_{J+1/2}^{(2)} = -\frac{1}{6}U_{J+2} + \frac{5}{6}U_{J+1} + \frac{1}{3}U_{J}$$

$$q_{J+1/2}^{(3)} = \frac{1}{3}U_{J+1} + \frac{5}{6}U_{J} - \frac{1}{6}U_{J-1}$$

$$\beta_k = \frac{\eta_k}{\eta_1 + \eta_2 + \eta_3}, \quad \eta_k = \frac{B_k}{(\varepsilon + \mathrm{IS}_k)^e}, \quad k = 1, 2, 3, \quad e = 2, \quad \varepsilon = 10^{-6}$$

$$B_1 = 1/10, \quad B_2 = 6/10, \quad B_3 = 3/10$$

$$\mathrm{IS}_1 = \frac{1}{4}(U_{J+3} - 4U_{J+2} + 3U_{J+1})^2 + \frac{13}{12}(U_{J+3} - 2U_{J+2} + U_{J+1})^2$$

$$\mathrm{IS}_2 = \frac{1}{4}(U_{J+2} - U_J)^2 + \frac{13}{12}(U_{J+2} - 2U_{J+1} + U_J)^2$$

$$\mathrm{IS}_3 = \frac{1}{4}(3U_{J+1} - 4U_J + U_{J-1})^2 + \frac{13}{12}(U_{J+1} - 2U_J + U_{J-1})^2$$

$$(2-56)$$

每个模板对应的权重系数与流场的光滑程度有关,在处理激波问题时,可通过调整激波所在模板的权重系数、降低激波处的格式精度来增强计算的稳定性(激波附近只有三阶精度)。

2.4.3　非均匀网格上的空间离散格式

WENO 格式本身基于均匀网格提出,而在工程应用中常采用非均匀网格进行计算,这将降低五阶 WENO 格式精度。本节研究非均匀网格对格式精度的影响程度,并分别讨论在有限体积法和有限差分法中非均匀网格保精度的必要性。结论可为采用有限差分方法的研究工作者提供参考。

1. 非均匀网格对精度的影响

通过求解一维线性对流方程初值问题[式(2-57)]研究格式精度,采用五阶 WENO 格式离散对流项,四阶龙格-库塔离散时间项,全局采用统一的时间步长。网格采用单边加密的方式,如图 2-13 所示,对长度为 2 的一维计算域进行空间离散,定义最左侧网格单元的网格尺度为 d_{initial},网格总数为 N_{cells};定义计算域采用均匀网格划分时的网格尺度为 d_{average}($d_{\mathrm{average}} = 2/N_{\mathrm{cells}}$);定义网格不均匀度（GI）为 GI = $(d_{\text{average}} - d_{\text{initial}})/d_{\text{average}}$。GI 越大表征不均匀性越强。本节研究 GI = 20% 和 GI = 80% 两种不均匀情况下五阶 WENO 格式的精度。为了保证时间项的离散不影响空间精度的计算，每套网格下不断减小 CFL 数，直至两次计算结果相同。迭代 1 个单位的物理时间。

$$
\begin{cases}
\dfrac{\partial g}{\partial t} + \dfrac{\partial g}{\partial x} = 0, & x \in [0, 2],\text{周期},t > 0 \\
g(x, 0) = \sin(\pi x), & x \in [0, 2],\text{周期}
\end{cases} \tag{2-57}
$$

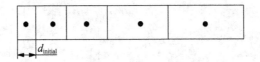

图 2 - 13　非均匀网格示意图

　　GI = 20% 和 GI = 80% 的非均匀网格格式精度测试结果如表 2 - 3 所示，同时给出了均匀网格的 L^1 范数误差 ‖ Error ‖$_1$[式（2 - 58）]和精度阶（order）作为对比。从结果来看，均匀网格（GI = 0%）下为五阶精度，但当网格的 GI 为 20% 时，精度阶降低到三阶左右，GI 增加到 80% 时，精度降低到 2.5 阶左右。可见随着网格不均匀度的增大，精度阶会逐渐降低。

$$
\| \text{Error} \|_1 = \frac{1}{\text{ncells}} \sum_{i=1}^{\text{ncells}} | g_i - g(x_i) | \tag{2-58}
$$

$$
\text{order} = \ln(\| \text{Error} \|_1^m / \| \text{Error} \|_1^n) / \ln(\text{ncells}_n / \text{ncells}_m)
$$

式中，g_i 为数值计算结果；ncells 为网格数；$g(x_i)$ 为精确解；m、n 为某两套网格的结果，通常选相邻的两个。

表 2 - 3　网格不均匀性对精度的影响

均匀网格（GI = 0%）		GI = 20%		GI = 80%	
‖ Error ‖$_1$	精度阶	‖ Error ‖$_1$	精度阶	‖ Error ‖$_1$	精度阶
$1.646\,2 \times 10^{-2}$	—	$2.192\,9 \times 10^{-2}$	—	$1.544\,4 \times 10^{-1}$	—
$7.492\,3 \times 10^{-4}$	4.46	$2.008\,2 \times 10^{-3}$	3.45	$2.722\,3 \times 10^{-2}$	2.50
$2.287\,0 \times 10^{-5}$	5.03	$1.825\,9 \times 10^{-4}$	3.45	$4.737\,7 \times 10^{-3}$	2.51

均匀网格(GI=0%)		GI=20%		GI=80%	
$\|Error\|_1$	精度阶	$\|Error\|_1$	精度阶	$\|Error\|_1$	精度阶
7.3131×10^{-7}	4.96	2.9600×10^{-5}	3.18	8.1919×10^{-4}	2.52
2.2638×10^{-8}	5.01	6.5823×10^{-6}	2.93	1.8537×10^{-4}	2.43

2. 保精度必要性分析

非均匀网格针对 WENO 格式保精度的方法通常有两种:① 在非均匀网格上构造高精度 WENO 格式;② 通过从非均匀的物理坐标系到均匀计算坐标系的转换,实现 WENO 格式在均匀计算坐标系使用时的保精度。高精度与计算量之间本身存在矛盾,是否要保精度与计算量和所研究的问题有关,下面进行详细的讨论。

1) 有限体积法

有限体积法中,通常采用构造非均匀网格的离散格式的方法来提高精度,例如,荷兰 Annaland 等[49]、加拿大 Spiteri 等[50]均采用将网格尺度引入 WENO 格式的非线性权重中的方法构建非均匀网格上的 WENO 格式。由于构造非常复杂,这里不再赘述详细内容,感兴趣的读者可参看相关参考文献[49,50]。

由于在非均匀网格上构造 WENO 格式考虑了当地网格尺度,这无疑会增加计算量。以文献[49]的方法为例,每一步 WENO 格式增加约 280 次加/减/乘/除运算,经在"天河二号"平台上测试,评估对于 20 万网格的区域进行计算,每迭代一步 CPU 耗时约增加 1.43 s;对于非定常计算,1 000 个物理时间步,每个时间步内 40 个虚拟时间步,CPU 耗时增加 15.89 h。然而,通常对于像压气机这样的高雷诺数流场问题,计算量远大于 20 万网格,通常在百万量级以上。因此,有限体积法利用非均匀网格构造高精度 WENO 格式,其计算量难以承受。另外,采用 DES 类数值方法计算时,在涡系结构复杂的关键区域进行网格加密,有利于降低数值误差。

2) 有限差分法

有限差分法中,通常采用坐标系变换的方法,将对流项对非均匀物理坐标系的导数转换为对均匀计算坐标系的导数来计算。具体来说,考虑一维标量对流方程(2-57),在非均匀网格中采用链导法则,构造网格节点 i 上的有限差分格式: $dg_i/dt + (g_{i+1/2} - g_{i-1/2})/(x_\xi)_i = 0$。其中, ξ 为计算坐标,无论物理坐标系下的网格均匀与否,计算坐标系下的网格都是均匀网格;$g_{i+1/2}$ 为数值通量,在计算坐标系下采用五阶 WENO 格式进行构造;x_ξ 为物理坐标对计算坐标的导数,这里采取三种方法处理该导数。

(1) 中心差分(简称 Center):

$$x_{j+1/2} = \frac{1}{2}(x_{j+1} + x_j) \qquad (2-59)$$

中心差分型处理方法理论上只有二阶精度,坐标导数的精度小于数值通量的离散精度,称为低阶处理方法。

(2) 五阶 WENO(简称 WENO5):

$$x_{j+1/2} = \omega_1 x_{j+1/2}^{(1)} + \omega_2 x_{j+1/2}^{(2)} + \omega_3 x_{j+1/2}^{(3)} \qquad (2-60)$$

构造详细介绍见 2.4.2 小节。此时坐标导数的精度与数值通量的精度相同,称为同阶处理方法。

(3) 七阶 WENO(简称 WENO7):

$$x_{j+1/2} = \omega_1 x_{j+1/2}^{(1)} + \omega_2 x_{j+1/2}^{(2)} + \omega_3 x_{j+1/2}^{(3)} + \omega_4 x_{j+1/2}^{(4)} \qquad (2-61)$$

权重系数 ω_k 以及不同模板数值通量 $x_{j+1/2}^k$ 计算方法见文献[51],此时坐标导数的精度高于数值通量的精度,本书将其称为高阶处理方法。

测试不同坐标系变换处理方式在非均匀坐标系中的数值精度,结果如图 2-14 所示,为网格量增加到精度不发生变化后的结果。可见,均匀网格下(Uniform)可以达到五阶精度的格式在非均匀网格下精度会降低,采用低阶处理

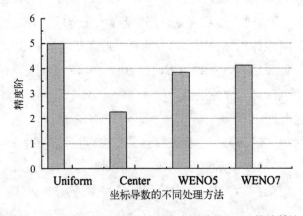

图 2-14   坐标系导数不同处理方式五阶 WENO 格式精度

方法(Center)会导致精度降低到二阶左右,同阶处理方法(WENO5)使得 WENO 格式精度接近四阶,而采用高阶处理方法(WENO7)精度可以达到四阶以上。

综上,对于有限差分法,在非均匀网格上坐标导数采用等阶或高阶处理方法可以有效保证非均匀网格上格式的精度,且对于网格不随时间变化的问题,该坐标导数处理方法在整个求解周期中只计算一次,占比很小。因此针对有限差分方法,在非均匀网格上需要进行保精度处理。

2.5　DES 类数值方法的构造

DES 类数值方法是 RANS 和 LES 混合方法中的一种,在附面层内采用计算量较小的 RANS 方法,在附面层外采用对大尺度涡直接解析的 LES 方法。DES 方法的思想是对 RANS 湍流模型中混合长度进行修改,通过嵌入模型开关来控制 RANS 和 LES 方法的求解区域。

湍流模型的目的在于求解雷诺应力模型中出现的湍流黏性系数 μ_t,实现控制方程的封闭。RANS 方法的湍流模型一般分为基于 Boussinesq 假设①的涡黏模型和通过雷诺应力输运方程构造的雷诺应力模型(Reynolds stress-equation model, RSM)。考虑到计算量和收敛问题,目前常用的都是涡黏模型。基于涡黏模型计算 μ_t 的湍流模型又可以分为零方程模型[如 Baldwin-Lomax(B-L)模型]、一方程模型[如 Spalart-Allmaras(S-A)模型]、二方程模型(如 SST 模型、标准 k-ε 模型、标准 k-ω 模型)等。在众多湍流模型中,S-A 模型以其求解量小、对有逆压梯度的流场应用较好、适用于高速流等特点,目前主要应用于超/跨声速航空发动机流场的数值模拟。根据课题组多年在压气机流场预测方面的研究经验[31],在众多湍流模型中,S-A 模型具有在稳定工况下对压气机时均参数优异的预测能力。因此,本节介绍基于 S-A 模型的 DES 类数值方法的发展。

2.5.1　Spalart-Allmaras 模型

S-A 模型于 1992 年由 Spalart 和 Allmaras 共同提出[52]。该模型直接假设湍流黏性系数满足流场中通用的标量方程[53],并基于经验假设和量纲分析给

---

① Boussinesq 假设:雷诺应力与平均速度梯度呈正比,比例系数为湍流黏性系数。对于简单剪切流,该假设是合理的,如附面层、管流、圆形射流等。

出了方程中各项的数学表达式,并通过大量的航空翼型方面的实验校正经验参数,使其成为在航空业广泛使用的湍流模型。

流场中通用的标量方程表述了对流、扩散、生成以及耗散这四大机制的相互作用,守恒形式的全湍流 S - A 模型运动黏性系数方程见式(2-62),$\hat{v}_T$ 为准黏性系数,$\rho\hat{v}_T$ 为湍流模型方程求解的守恒变量,将等式右侧的部分视为源项,则式(2-62)与控制方程(2-1)形式相同。因此,可以将全湍流 S - A 模型(2-62)与纳维-斯托克斯控制方程(2-1)耦合求解。

$$\frac{\partial}{\partial t}(\hat{v}_T) + \overbrace{\frac{\partial}{\partial x_i}(\hat{v}_T w_i)}^{\text{对流项}} = \frac{1}{\sigma}\underbrace{\left\{\frac{\partial}{\partial x_i}\left[\left(\frac{\mu_l}{\rho} + \hat{v}_T\right)\frac{\partial \hat{v}_T}{\partial x_i}\right] + c_{b2}\frac{\partial \hat{v}_T}{\partial x_i}\frac{\partial \hat{v}_T}{\partial x_i}\right\}}_{\text{扩散项}}$$

$$+ \underbrace{c_{b1}(1 - f_{t2})\hat{S}\hat{v}_T}_{\text{产生项}} - \underbrace{\left(c_{wl}f_w - \frac{c_{b1}}{\kappa^2}f_{t2}\right)\left(\frac{\hat{v}_T}{d}\right)^2}_{\text{耗散项}}$$

$$(2-62)$$

湍流黏性系数与准黏性系数的关系为

$$\mu_t = \rho\hat{v}_T f_{v1}$$

$$f_{v1} = \frac{\chi^3}{\chi^3 + c_{v1}^3}, \quad \chi = \frac{\hat{v}_T}{\mu_l/\rho}$$

$$(2-63)$$

其无量纲形式为

$$\frac{\partial}{\partial t}(\hat{v}_T) + \frac{\partial}{\partial x_i}(\hat{v}_T w_i) = \frac{1}{Re_{\text{ref}}}\frac{1}{\sigma}\left\{\frac{\partial}{\partial x_i}\left[\left(\frac{\mu_l}{\rho} + \hat{v}_T\right)\frac{\partial \hat{v}_T}{\partial x_i}\right] + c_{b2}\frac{\partial \hat{v}_T}{\partial x_i}\frac{\partial \hat{v}_T}{\partial x_i}\right\}$$

$$+ c_{b1}(1 - f_{t2})\hat{S}\hat{v}_T - \frac{1}{Re_{\text{ref}}}\left(c_{w1}f_w - \frac{c_{b1}}{\kappa^2}f_{t2}\right)\left(\frac{\hat{v}_T}{d}\right)^2$$

$$(2-64)$$

式(2-64)耗散项中的 d 为计算点到最近壁面的距离,也称为"混合长度"。产生项与耗散项中其余变量的表达式如下[54]。

产生项:

$$\hat{S} = S + \frac{1}{Re_{\text{ref}}}\frac{\hat{v}_T}{\kappa^2 d^2}f_{v2}, \quad f_{t2} = c_{t3}\exp(-c_{t4}\chi^2)$$

$$(2-65)$$

式中,

$$S = \sqrt{2\psi_{ij}\psi_{ij}}, \quad \psi_{ij} = \frac{1}{2}\left(\frac{\partial w_i}{\partial x_j} - \frac{\partial w_j}{\partial x_i}\right),$$

$$f_{v2} = 1 - \frac{\chi}{1 + \chi f_{v1}}$$

耗散项:

$$f_w = g\left[\frac{1 + c_{w3}^6}{g^6 + c_{w3}^6}\right]^{1/6}$$

式中,

$$g = r + c_{w2}(r^6 - r), \quad r = \frac{1}{Re_{ref}}\frac{\hat{v}_T}{\hat{S}\kappa^2 d^2} \qquad (2-66)$$

式(2-64)中涉及的常数为

$$\sigma = 2/3, \quad c_{b2} = 0.622, \quad c_{b1} = 0.1355, \quad c_{t3} = 1.2, \quad c_{t4} = 0.5$$

$$c_{w1} = \frac{c_{b1}}{\kappa^2} + \frac{1 + c_{b2}}{\sigma}, \quad c_{w2} = 0.3, \quad \kappa = 0.41, \quad c_{w3} = 2 \qquad (2-67)$$

为了保证计算准确性,需要优化近壁面网格结构。S-A 模型中变量 d 表示计算点到最近壁面的距离,如图 2-15 中点划线所示。然而,在离散空间域中很难准确求解距离最近壁面的垂直距离,因此通常用到壁面最近离散中心点的直线距离,如图 2-15 中虚线所示,从而造成湍流模型计算结果的不准确。通常湍流黏性系数在靠近壁面的位置起主要作用,因此为了保证模型使用的准确性,需要尽量保证近壁面网格与壁面的垂直性。

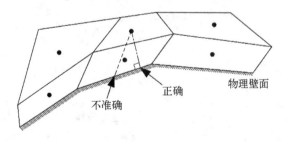

图 2-15　S-A 模型中到最近壁面距离

2.5.2 DES 方法

DES 方法只对 S - A 模型中的耗散项进行修正,即将输运方程耗散项中混合长度 d 改为 $\tilde{d}_{DES}$,$\tilde{d}_{DES}$ 则作为模型开关用的开关函数,从而使得流场的计算与网格尺度关联,以网格 k 处为例:

$$(\tilde{d}_{DES})_k = \min(d_k, C_{DES}\Delta_k) \qquad (2-68)$$

式中,C_{DES} 为经验系数,通常取 0.65;Δ_k 为 LES 亚格子模型的滤波尺度,选取为单元最大尺度,即 $\Delta_k = \max(\Delta x_k, \Delta y_k, \Delta z_k)$。

在 DES 分区示意图 2 - 16 中,编号为 $k=1$, 2, 3, 4 的四个网格与物面的最近距离为 d_k。对于靠近物面的计算点 $k=1$, 2,有 $d_k < C_{DES}\Delta_k$,根据式(2-68)有 $(\tilde{d}_{DES})_k = d_k(k=1, 2)$,此时 DES 方法中的 $\tilde{d}_{DES}$ 与原始湍流模型(2-62)一致,即表现为 RANS 方法,从物理角度来说,在靠近壁面的附面层内,小尺度的涡结构依然满足各向同性假设,即 S - A 模型仍然有效;对于远离物面的计算点 $k=3$, 4,有 $d_k > C_{DES}\Delta_k$,则 $(\tilde{d}_{DES})_k = C_{DES}\Delta_k(k=3, 4)$。当输运方程[式(2-62)]中生成项和耗散项达到平衡时,则有

$$c_{b1}\rho\hat{S}\hat{\boldsymbol{v}}_T = c_{w1}f_w\rho\left(\frac{\hat{\boldsymbol{v}}_T}{C_{DES}\Delta_k}\right)^2 \qquad (2-69)$$

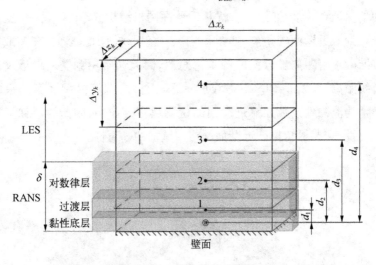

图 2 - 16 DES 分区示意图

δ 为附面层厚度,$d_k(k = 1, 2, 3, 4)$ 为网格中心点到最近壁面的距离,Δx_k、Δy_k、Δz_k 为网格单元尺度

即 $\hat{v}_T \propto \hat{S}(C_{\mathrm{DES}}\Delta_k)^2$，当局部平衡时，涡黏系数与变形率幅值和过滤尺度的平方呈正比，这正是 LES 的 Smagorinsky 涡黏模型的要求，如此一来，DES 实现了类似 LES 隐式滤波的效果。

2.5.3　DDES 方法

本节同样以基于 S - A 模型的 DDES 方法来说明其构造思想。修正后的混合长度用 $\tilde{d}_{\mathrm{DDES}}$ 表示。同样以网格单元 k 处的混合长度为例，为了简化表述，在不引起歧义的前提下去掉下标 k：

$$\tilde{d}_{\mathrm{DDES}} = d - f_d\max(0, d - C_{\mathrm{DES}}\Delta) \qquad (2-70)$$

$$f_d = 1 - \tanh\left[(8r_d)^3\right] \qquad (2-71)$$

用 r_d 取代式(2-66)中的 r，与 r 定义类似：

$$r_d = \frac{\hat{v}_T + \mu_l/\rho}{\sqrt{L_{i,j}L_{i,j}}\,\kappa^2 d^2} \qquad (2-72)$$

式中，$L_{i,j}$ 为速度梯度。

在 r_d 的分子中添加层流黏性系数 μ_l，可使得 r_d 在近壁区确保不为零。根据式(2-45)~式(2-72)，从 RANS 到 LES 求解域的开关并非"非此即彼"，而是存在一个过渡，这个过渡由系数 f_d 实现。

当 $d > C_{\mathrm{DES}}\Delta$ 且 $0 < f_d < 1$ 时，$C_{\mathrm{DES}}\Delta < \tilde{d}_{\mathrm{DDES},k} < d$，混合长度 $\tilde{d}_{\mathrm{DDES}}$ 不再完全由网格尺度决定，而是由网格尺度 Δ、壁面距离 d 和流场速度梯度 $L_{i,j}$ 共同决定。

这样，DES 方法中 RANS 和 LES 之间的分界面并非固定，而是会随迭代计算的流场而变化，有效削弱了方法对网格的依赖性。由于 DDES 方法的优秀表现，2009 年 Spalart 建议 DDES 作为新的标准 DES 类数值方法。

2.5.4　IDDES 方法

IDDES 方法将混合长度定义改为 $\tilde{d}_{\mathrm{IDDES}}$，见式(2-73)，相当于 RANS 方法中的滤波尺度"d"和 LES 方法中滤波尺度"Δ"的混合。

$$\tilde{d}_{\mathrm{IDDES}} = f_{\mathrm{hyb}}(1 + f_{\mathrm{restore}})d + (1 - f_{\mathrm{hyb}})C_{\mathrm{DES}}\Delta \qquad (2-73)$$

下面对式中变量进行逐一讨论。

1. 滤波尺度 Δ 的选择

滤波尺度的定义见式(2-74),这里以一个高度为 $2H$ 的平面通道为例来分析该滤波尺度的含义,图 2-17 是两种可能出现的网格尺度的变化,横坐标表示沿着通道高度方向从壁面到通道中部位置,纵坐标表示式(2-74)计算得到的滤波尺度,并用当地最大网格尺度进行无量纲化处理。第一种如图 2-17 中实线所示,表征当垂直壁面方向网格尺度较小时,即 $\Delta_{wn} < C_w d$ 的情况;根据式(2-74),滤波尺度的取值分为三个区域;当 $d < \Delta_{\max}$ 时,滤波尺度恒定 $\Delta = C_w\Delta_{\max}$;一旦 $d > \Delta_{\max}$,滤波尺度随着到壁面距离 d 呈线性增加,即 $\Delta = C_w d$;直至滤波尺度增加到当地最大网格尺度 $\Delta_{\max}$ 后保持不变。另一种类型如图 2-17 中虚线所示,当网格单元在垂直壁面的方向的增加较为剧烈时,滤波尺度很快从恒定的 $\Delta = C_w\Delta_{\max}$ 过渡到线性增加阶段;由于 Δ_{wn} 增长率较大,即达到 $\Delta_{wn} > C_w d$ 的状态,根据式(2-74),滤波尺度 $\Delta = \Delta_{wn}$,直至达到 $\Delta_{\max}$ 后取值保持不变。

$$\Delta = \min\left\{\max\left[C_w d,\ C_w\Delta_{\max},\ \Delta_{wn}\right],\ \Delta_{\max}\right\} \qquad (2-74)$$

式中,$\Delta_{\max}$ 为当地最大网格尺度,与 DES 方法和 DDES 方法中的定义相同;Δ_{wn} 为垂直壁面方向的网格尺度;C_w 为经验常数,根据 WMLES 取值为 0.15。

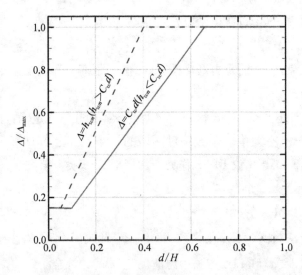

图 2-17　沿着平面通道高度方向滤波尺度与到
壁面距离关系(通道高度 $2H$)[12]

2. 混合函数 f_{hyb} 的定义

混合函数 f_{hyb} 的引入包含 DDES 和 WMLES 两个部分,即

$$f_{\mathrm{hyb}} = \max\{(1 - f_d), f_{\mathrm{step}}\}$$

$$f_{\mathrm{step}} = \min\{2\mathrm{e}^{-9\alpha^2}, 1.0\}, \quad \alpha = 0.25 - \frac{d}{\Delta_{\max}} \quad (2-75)$$

式中,f_d 为 DDES 方法中定义的过渡函数,见式(2-71);f_{step} 为 WMLES 构造中的思路,使得在距离壁面 $0.5\Delta_{\max} < d < \Delta_{\max}$ 范围内实现从纯 RANS 方法到 LES 方法的快速切换。

3. 正函数 f_{restore}

为了防止在 RANS 和 LES 区域交界面附近出现 RANS 雷诺应力过度损耗的问题,也就是网格诱导分离问题,引入了一个正函数 f_{restore}:

$$f_{\mathrm{restore}} = \max\{(f_{\mathrm{hill}} - 1), 0\}f_{\mathrm{amp}} \quad (2-76)$$

$$f_{\mathrm{hill}} = \begin{cases} 2\mathrm{e}^{-11.09\alpha^2}, & \alpha \geqslant 0 \\ 2\mathrm{e}^{-9.0\alpha^2}, & \alpha < 0 \end{cases}$$

$$f_{\mathrm{amp}} = 1 - \max\{f_t, f_l\} \quad (2-77)$$

$$f_t = \tanh\left[(3.55^2 r_{\mathrm{dt}})^3\right], \quad f_l = \tanh\left[(1.63^2 r_{\mathrm{dl}})^{10}\right]$$

$$r_{\mathrm{dl}} = \frac{1}{\kappa^2 d^2} \cdot \frac{\mu_l/\rho}{\max(\sqrt{L_{ij}L_{ij}}, 10^{-10})}, \quad r_{\mathrm{dt}} = \frac{1}{\kappa^2 d^2} \cdot \frac{\hat{v}_T/\rho}{\max(\sqrt{L_{ij}L_{ij}}, 10^{-10})}$$

$$(2-78)$$

对于探测器函数 r_{dl} 和 r_{dt},相当于把 DDES 方法中的 r_d [具体见式(2-72)]拆成黏性底层和对数区两部分。

2.5.5　ZDES 方法

在 ZDES 方法中定义了两个控制参数:ides(若需要 DES 进行数值模拟,则 ides=1,在 URANS 模式中 ides=0)和 imode(根据研究的问题不同,可取值为 1、2 或 3)。ZDES 的混合长度尺度定义为

$$\tilde{d}_{\text{ZDES}} = \begin{cases} d_w, & \text{ides} = 0 \\ \tilde{d}_{\text{DES}}^{\text{I}}, & \text{ides} = 1 \text{ 且 imode} = 1 \\ \tilde{d}_{\text{DES}}^{\text{II}}, & \text{ides} = 1 \text{ 且 imode} = 2 \\ \tilde{d}_{\text{DES}}^{\text{II}}, & \text{ides} = 1 \text{ 且 imode} = 3 \end{cases} \quad (2-79)$$

实际应用中,通过设定计算域内不同网格块的 ides 和 imode,达到控制不同区域数值求解方法的目的。参数 imode 的取值与研究问题的特点有关。

(1) 对于由几何的突变引起的分离,如图 2-18(a)所示,此时 imode=1。

$$\tilde{d}_{\text{ZDES}}^{\text{I}} = \min(d, \; C_{\text{DES}} \tilde{\Delta}_{\text{DES}}^{\text{I}}) \quad (2-80)$$

式中,针对混合长度尺度 $\tilde{\Delta}_{\text{DES}}^{\text{I}}$,Deck 给出如下两种选择。

① 与 LES 的亚格子滤波尺度的定义相同,即

$$\tilde{\Delta}_{\text{DES}}^{\text{I}} = \Delta_{\text{vol}} = \sqrt[3]{\Delta x \Delta y \Delta z} \quad (2-81)$$

要求在 LES 计算域内网格要尽量接近正方体。

② 混合长度尺度由当地网格尺度和流场共同决定,即

$$\tilde{\Delta}_{\text{DES}}^{\text{I}} = \Delta_{\psi} = \sqrt{N_x^2 \Delta y \Delta z + N_y^2 \Delta z \Delta x + N_z^2 \Delta x \Delta y} \quad (2-82)$$

式中,(N_x, N_y, N_z) 为涡矢量 ψ 的方向的单位矢量 N 的三个分量,$N = (N_x, N_y, N_z) = \psi / \| \psi \|$。

(2) 对于由物体表面曲率变化产生的逆压梯度引起的分离,如图 2-18(b)所示,此时 imode=2。

$$\tilde{d}_{\text{ZDES}}^{\text{II}} = d - f_d \cdot \max(0, \; d C_{\text{DES}} \tilde{\Delta}_{\text{DES}}^{\text{II}}) \quad (2-83)$$

式中,f_d 的定义与 DDES 方法中的相同,见式(2-71)。$\tilde{\Delta}_{\text{DES}}^{\text{II}}$ 可以看成 ZDES 方法中的亚格子长度尺度。与 DES 方法和 DDES 方法中表示当地最大网格尺度的 Δ 不同,$\tilde{\Delta}_{\text{DES}}^{\text{II}}$ 还与当地速度和涡黏场有关。为了实现从 URANS 方法到 LES 方法的快速转换,将混合长度尺度与 f_d 相关联,即

$$\tilde{\Delta}_{\text{DES}}^{\text{II}} = \begin{cases} \Delta_{\max}, & f_d < f_{d0} \\ \Delta_{\text{vol}} \text{ 或 } \Delta_{\psi}, & f_d > f_{d0} \end{cases} \quad (2-84)$$

式中,阈值 $f_{d0} \in (0.75, 0.99)$,表征附面层的外边界,在平板流中该参数的最

优取值为 0.8。

（3）对于受上游边界层脉动强烈影响而引起的分离,如图 2-18(c)所示,此时 imode = 3。

$$\tilde{d}_{\mathrm{DES}}^{\mathrm{III}} = \begin{cases} d, & d < d^{\mathrm{interface}} \\ \tilde{d}_{\mathrm{DES}}^{\mathrm{I}}, & \text{其他} \end{cases} \tag{2-85}$$

此时 ZDES 方法相当于一个壁面模化的 LES 方法,其余 URANS 的湍流模型就是模化近壁面的模型。其中 $d^{\mathrm{interface}}$ 是决定 LES 和 URANS 界面(interface)的参数,根据问题的不同进行选定,通常取 50~100 倍的第一层壁面网格高度。

| (a) 由几何固定的分离 I | (b) 由弯曲表面上的压力梯度引起的分离 II | (c) 受到上游边界层脉动强烈影响的分离 III |

图 2-18　典型流问题的分类[15]

2.6　收　敛　准　则

1. 定常计算收敛准则

在定常计算中,主要根据以下三个准则来确定计算是否收敛:

（1）定义总残差(RMS)为全场流动参数变化的均方值,当全场的总残差下降到四个数量级以上时,可以认为迭代收敛;

（2）进出口流量之间的误差控制在 1% 之内;

（3）随着迭代次数的增加,总性能参数如流量、压比、效率等不随迭代步数的增加而发生变化;另外,流场中某一监测点的压力或者速度等参数基本不变。

2. 非定常计算收敛准则

对于非定常计算,由于流场随时间变化,上述用于定常计算中的收敛准则已不再适用。由于同一流场中存在相对运动部件之间的非定常干涉特性,在进行非定常计算时,进出口流量呈现周期性波动,且两者变化并不一致,因而非定常计算通过监测总性能参数以及流场内给定点压力变化的周期性,当总性能参数以及监测点的压力信号随时间周期性变化时,认为非定常计算已收敛。计算收敛后所有的流场参数都随时间周期性变化,其周期为相邻叶排转过一个栅距的时间。

参考文献

[1] 高丽敏,李开泰,刘波,等.积分守恒型 N‐S 方程通用形式及其在数值模拟中的应用[J].计算物理,2008(2):50‐56.

[2] 高丽敏.叶轮机械叶片的数学设计与级环境下流动的数值与实验研究[R].西安:西安交通大学博士后出站报告,2005.

[3] SPALART P R. Detached eddy simulation[J]. The Annual Review of Fluid Mechanics, 2009, 41:181‐202.

[4] NIKITIN N V, NICOUD F, WASISTHO B, et al. An approach to wall modeling in large-eddy simulations[J]. Physics of Fluids, 2000, 12(7):1629‐1632.

[5] SPALART P R, JOU W H, STRELETS M, et al. Comments on the feasibility of LES for wings and on the hybrid RANS/LES approach[C]. Ruston: The First AFOSR Internation Conference on DNS/LES, 1997.

[6] TRAVIN A, SHUR M, STRELETS M, et al. Physical and numerical upgrades in the detached-eddy simulation of complex turbulent flows[M]. Berlin: Springer, 2002.

[7] YAN J, MOCKETT C, THIELE F. Investigation of alternative length scale substitutions in detached-eddy simulation[J]. Flow Turbulence and Combustion, 2005, 74(1):85‐102.

[8] JEE S K, SHARIFF K. Detached-eddy simulation based on the V2‐F model[J]. International Journal of Heat and Fluid Flow, 2014, 46:84‐101.

[9] SØRENSEN N N, BECHMANN A, ZAHLE F. 3D CFD computations of transitional flows using DES and a correlation based transition model[J]. Wind Energy, 2011, 14(1):77‐90.

[10] SPALART P R, DECK S, SHUR M L, et al. A new version of detached-eddy simulation, resistant to ambiguous grid densities[J]. Theoretical and Computational Fluid Dynamics, 2006, 20(3):181‐195.

[11] 阎超.航空 CFD 四十年的成就与困境[J].航空学报,2022,43(10):1‐37.

[12] TRAVIN A K, SHUR M L, SPALART P R, et al. Improvement of delayed detached-eddy simulation for LES with wall modeling[C]. Egmond aan Zee: European Conference on Computational Fluid Dynamics, 2006.

[13] SAMION S R L, SHAHARUDDIN N H, ALI M S M. Grid convergence study for detached-eddy simulation of flow over rod-airfoil configuration using OpenFOAM[C]. Bangkok: The 4th International Conference on Mechanical and Aeronautical Engineering,

2018.

[14] DECK S. Zonal-detached eddy simulation of the flow around a high-lift configuration[J]. AIAA Journal, 2005, 43(11): 2372 – 2384.

[15] DECK S. Recent improvements in the zonal detached eddy simulation (ZDES) formulation[J]. Theoretical and Computational Fluid Dynamics, 2012, 26(6): 523 – 550.

[16] DECK S, RENARD N. Towards an enhanced protection of attached boundary layers in hybrid RANS/LES methods[J]. Journal of Computational Physics, 2020, 400: 1 – 36.

[17] KUMAR G, LAKSHMANAN S K, GOPALAN H, et al. Comparative study of hybrid RANS-LES models for separated flows [C]. Rhodes: International Conference of Numerical Analysis and Applied Mathematic, 2015.

[18] 陈江涛,张培红,周乃春,等. 基于 SA 湍流模型的 DES 方法应用[J]. 北京航空航天大学学报,2012(7): 905 – 909.

[19] 邓枫,伍贻兆,刘学强. 用 DES 数值模拟分离绕流中的旋涡运动[J]. 计算物理,2008(6): 683 – 688.

[20] BREUER M, JOVIČIĆ N, MAZAEV K. Comparison of DES, RANS and LES for the separated flow around a flat plate at high incidence [J]. International Journal for Numerical Methods in Fluids, 2003, 41(4): 357 – 388.

[21] ZHAO W, WAN D. Detached-eddy simulation of flow past tandem cylinders [J]. Applied Mathematics and Mechanics, 2016, 37(12): 1272 – 1281.

[22] XU C, CHEN L, LU X. Large-eddy and detached-eddy simulations of the separated flow around a circular cylinder[J]. Journal of Hydrodynamics, 2007, 19(5): 559 – 563.

[23] GUSEVA E K, GARBARUK A V, STRELETS M K. Assessment of delayed DES and improved delayed DES combined with a shear-layer-adapted subgrid length-scale in separated flows[J]. Flow, Turbulence and Combustion, 2017, 98(2): 481 – 502.

[24] NISHINO T, ROBERTS G T, ZHANG X L, et al. Unsteady RANS and detached-eddy simulations of flow around a circular cylinder in ground effect[J]. Journal of Fluids and Structures, 2008, 24(1): 18 – 33.

[25] SØRENSEN N N, BECHMANN A, ZAHLE F. 3D CFD computations of transitional flows using DES and a correlation based transition model[J]. Wind Energy, 2011, 14(1): 77 – 90.

[26] MORTON S. High Reynolds number DES simulations of vortex breakdown over a 70 degree delta wing [C]. Orlando: The 21st AIAA Applied Aerodynamics Conference, 2003.

[27] LEI H, ZHOU D, BAO Y, et al. Three-dimensional improved delayed detached eddy simulation of a two-bladed vertical axis wind turbine [J]. Energy Conversion and Management, 2017, 133: 235 – 248.

[28] TRAVIN A, SHUR M, STRELETS M, et al. Detached-eddy simulations past a circular cylinder[J]. Flow, Turbulence and Combustion, 2000, 63(1): 293 – 313.

[29] 李雪松,顾春伟. 有大分离的压气机高压级静叶分离涡模拟研究[J]. 工程热物理学

报,2009,30(1):31-34.

[30] 卞修涛,林敦,苏欣荣,等.基于 DDES 的跨声速导叶中激波与边界层干涉机理研究[J].推进技术,2017,38(10):2254-2261.

[31] 陈璇.叶轮机械非定常数值模拟方法研究[D].西安:西北工业大学,2014.

[32] FRÖHLICH J, VON TERZI D. Hybrid LES/RANS methods for the simulation of turbulent flows[J]. Progress in Aerospace Sciences, 2008, 44(5):349-377.

[33] MENTER F R, KUNTZ M. Adaptation of eddy-viscosity turbulence models to unsteady separated flow behind vehicles[M]//MCCALLEN R, BROWAND F, ROSS J. The aerodynamics of heavy vehicles: trucks, buses, and trains. Berlin: Springer, 2004.

[34] BOUSQUET Y, BINDER N, DUFOUR G, et al. Numerical investigation of Kelvin-Helmholtz instability in a centrifugal compressor operating near stall[J]. Journal of Turbomachinery, 2016, 138(7):1-9.

[35] JAMESON A. Time dependent calculation using multigrid, with applications to unsteady flows past airfoils and wings[C]. Honolulu: The 10th Computational Fluid Dynamics Conference, 1991.

[36] JAMESON A, SCHMIDT W, TURKEL E. Equations by finite volume methods using Runge-Kutta time stepping scheme[C]. Palo Alto: The 14th Fluid and Plasma Dynamics Conference, 1981.

[37] THOMAS H P. Artificial dissipation models for the euler equations[J]. AIAA Journal, 1986, 24(12):1931-1940.

[38] SWANSON R C, TURKEL E. Artificial dissipation and central difference schemes for the euler and Navier-Stokes equations[C]. Honolulu: The 8th Computational Fluid Dynamics Conference, 1987.

[39] ROE P L. A survey of upwind differencing techniques[C]. Williamsburg: The 11th International Conference on Numerical Methods in Fluid Dynamics, 1988.

[40] TORO E F. Riemann solvers and numerical methods for fluid dynamics[M]. New York: Springer, 1999.

[41] ZHA G, SHEN Y, WANG B. An improved low diffusion E-CUSP upwind scheme[J]. Computers and Fluids, 2011, 48(1):214-220.

[42] VAN LEER B. Towards the ultimate conservative difference scheme. V. A second-order sequel to Godunov's method[J]. Journal of Computational Physics, 1979, 32(1):101-136.

[43] VAN ALBADA G D, VAN LEER B, ROBERTS Jr W W. A comparative study of computational methods in cosmic gas dynamics[J]. Astronomy and Astrophysics, 1982, 108:76-84.

[44] HARTEN A. High resolution schemes for hyperbolic conservation laws[J]. Journal of Computational Physics, 1983, 49(3):357-393.

[45] LIU X D, OSHER S, CHAN T. Weighted essentially non-oscillatory schemes[J]. Journal of Computational Physics, 1994, 115(1):200-212.

[46] GAGEIK M, KLIOUTCHNIKOV I, OLIVIER H. Comprehensive mesh study for a direct

numerical simulation of the transonic flow at Rec, = 500, 000 around a NACA 0012 airfoil [J]. Computers and Fluids, 2015, 122: 153 - 164.

[47]　IM H S, ZHA G C. Flutter prediction of a transonic fan with travelling wave using fully coupled fluid/structure interaction[C]. San Antonio: ASME Turbo Expo, 2013.

[48]　李震,周逊,王松涛,等.基于高精度 WENO 格式的平面叶栅内流大涡模拟[J].工程热物理学报,2015(4): 756 - 760.

[49]　SMIT J, ANNALAND M V S, KUIPERS J A M. Grid adaptation with WENO schemes for non-uniform grids to solve convection-dominated partial differential equations [J]. Chemical Engineering Science, 2005, 60(10): 2609 - 2619.

[50]　WANG R, FENG H, SPITERI R J. Observations on the fifth-order WENO method with non-uniform meshes [J]. Applied Mathematics and Computation, 2008, 196 (1): 433 - 447.

[51]　SHEN Y, ZHA G. A robust seventh-order WENO scheme and ITS applications[C]. Reno: The 46th AIAA Aerospace Sciences Meeting and Exhibit, 2008.

[52]　SPALART P R, ALLMARAS S R. A one-equation turbulence model for aerodynamic flows[C]. Reno: The 30th Aerospace Sciences Meeting and Exhibit, 1992.

[53]　王翔宇. RANS/LES 混合方法在湍流精细数值模拟中的应用与改进[D].西安: 西北工业大学,2016.

[54]　SPALART P R, ALLMARAS S R. A one-equation turbulence model for aerodynamic flows[J]. La Recherche Aérospatiale, 2003, 439(1): 5 - 21.

第 3 章
基于 DES 的压气机内流场
高保真数值模拟方法

3.1 引　言

DES 类数值方法在圆柱、串列圆柱以及周期山等简单物理模型中的应用效果良好,但应用于压气机流场数值模拟时,考虑到流场非定常时空跨度大、空间拟序结构强耦合、湍流强各向异性以及强逆压梯度,再加上几何上的多壁面、大曲率的复杂几何,无论对于计算的稳定性还是结果的准确性都是极大的挑战。本章重点讨论 DES 类数值方法应用于压气机流场模拟时存在的网格分辨率难以确定、数值稳定性差以及计算量与计算精度矛盾等问题,并逐一给出解决方案。

DES 类数值方法在压气机内流场中的应用起始于清华大学李雪松等[1,2]的研究,2007 年首次将基于 S－A 模型的 DES 数值方法引入压气机叶栅内流场的数值研究,与实验结果对比显示出在宏观时均性能上,DES 较 RANS 更接近实验结果。西北工业大学高丽敏课题组[3]对压气机叶栅的研究,也证实了DES 类数值方法在分离区精细流场结构捕捉方面的优势。随后,北京航空航天大学的柳阳威等[4]和侯安平等[5]采用基于 S－A 模型的 DDES 方法对压气机叶栅进行数值模拟,同样从时均宏观参数上证实了 DDES 方法对三维角区分离各向异性湍流模拟的准确性。2008 年,顾春伟等[6]、李雪松等[7]做了DES 类数值方法在压气机转子及单级压气机中应用的尝试,但由于没有实验数据对比,其准确性无从得知。为了验证 DES 类数值方法在亚声速压气机内流场应用的准确性,2011~2016 年,Zha 等[8,9]对 DES 和 DDES 方法在跨声速单转子、单级跨声速压气机[10, 11]中数值模拟的准确性进行校核,通过与URANS 方法对比发现在近失速工况下 DES 类数值方法对宏观性能的预测更为准确,而且对间隙泄漏流、角区分离等二次流动的捕捉更为精细。国内,清华大学符松课题组[12]采用 IDDES 方法对某跨声速压气机转子的数值模拟结果也证明了 IDDES 方法对效率预测的准确程度,如图 3-1 所示。①

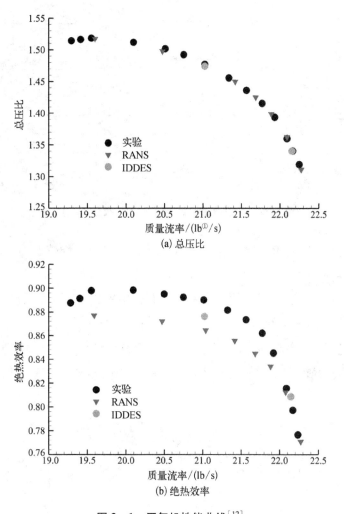

图 3-1　压气机性能曲线[12]

日本九州大学 Yamada 等[13]和 Kusano 等[14]分别从宏观性能和时均流场的角度与实验进行了对比,证明了 DES 类数值方法在低速轴流压气机中应用的准确性,并于 2015 年首次对 7 级亚声速压气机进行了全环、非设计工况的

————————
① 　1 lb = 0.453 592 kg。

数值模拟,计算量达到 DES 类数值方法在内流场应用的顶峰,每级静压比数值模拟与实验对比如图 3-2 所示,可见从时均宏观参数来看,DES 类数值方法对前面级的预测精度较高,对后面级的预测精度却低于 RANS。

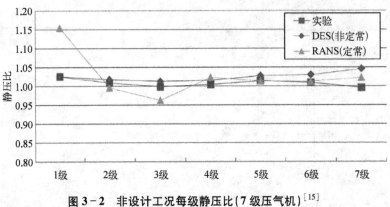

图 3-2 非设计工况每级静压比(7 级压气机)[15]

对于高保真的 DES 类数值方法,其优势在于对流动细节的捕捉,对准确性验证不仅需要宏观实验参数,而且需要能反映更多流动细节的实验结果。详细的实验数据可为高保真数值模拟准确性验证提供更加丰富可靠的依据。法国里昂大学 Ma[16]对一个低速压气机叶栅($Ma=0.12$)进行了详细的定常、非定常流场测量,此后大量针对该叶栅的 DES 类数值研究得以开展[4,17]。研究发现,虽然 DES 方法类数值方法在部分区域对损失预测的准确性优于 RANS 方法(图 3-3),

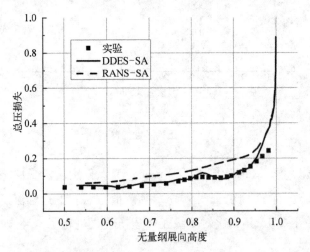

图 3-3 周向平均总压损失沿展向的分布(50%弦长位置)[18]

也成功捕捉到非定常"双峰现象",但是在角区分离靠近端区的位置,如图 3-4
(c)和(d)所示,与实验结果仍有明显差异。需要指出的是,这些研究都是针
对低速不可压压气机流场,但是对于高速压气机缺乏详细的流场实验结果用
于数值结果的校验,强逆压梯度的流场收敛性较差,另外雷诺数相对较高,尽
管采用 DES 类数值方法的计算量仍然较大,但是鲜有针对高亚声速压气机流
场的研究。

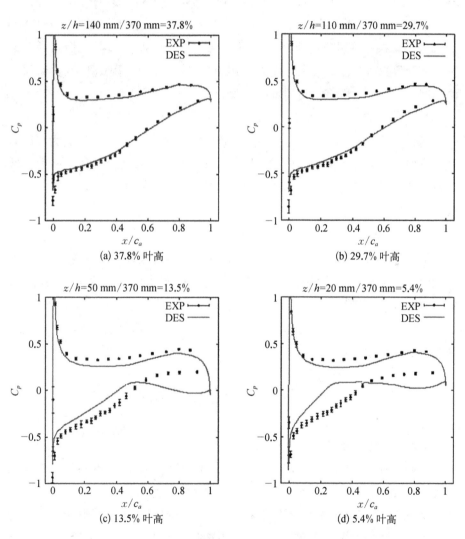

图 3-4　压气机叶栅不同叶高壁面静压系数
DES 方法结果与实验结果对比[17]

3.2 DES 类数值方法应用于压气机流场模拟存在的问题

1. 网格分辨率的合理性难以判断

从 DES 类数值方法的构造原理可以看出,DES 类数值方法对网格尺度依赖性都很强。大量研究表明,网格分辨率对时均结果以及涡的分辨率等都有很大影响。从单个网格尺度来看,太密的网格可能会使得近壁面附近从 RANS 到 LES 的转换开关提前打开,导致网格诱导分离,产生非物理解;而太稀疏的网格会导致数值黏性污染太大而无法辨识精细的涡结构,因此 DES 类数值方法的网格划分严重依赖于使用者的经验。

2. 数值稳定性难以保证

高负荷压气机流场具有强逆压、高速的特征,数值计算稳定性成为发展压气机高保真数值方法面临的关键问题。对于高精度 DES 类数值方法,由于数值黏性的减小以及湍流耗散的减小,数值稳定性问题更加突出,难以得到一个收敛的流场。

3. 计算资源消耗巨大

航空压气机具有雷诺数相对较高、几何复杂的特点,提高数值流场保真度的同时加剧了对空间尺度要求的苛刻程度。当网格单元的空间尺度减小时,物理时间步长,也就是时间尺度也需相应减小以防止抹平捕捉到的高频脉动。因此,在空间和时间尺度上计算量大幅增大,成为高保真数值模拟又一个迫切需要解决的瓶颈问题。

3.3 压气机内流场网格分辨率评估方法

3.3.1 网格分辨率评估准则

准则的选定将考虑高性能压气机的设计,下面根据需求不同给出三种网格无关性准则[19]。

准则 1:网格分辨率对时均流场无影响。当网格尺度按比例减小时,时均流场参数变化的容差(表示为 $\mathrm{Res_{space}}$)不超过 e_s。$\mathrm{Res_{space}}$ 定义为:$\mathrm{Res_{space}} = |(\overline{g_1} - \overline{g_2})/\overline{g_2}|$,其中 $\overline{g_1}$ 和 $\overline{g_2}$ 分别为网格加密前后的流场时均后的物理量。

e_s 的选取根据精度需求而定,通常情况下在 1%~5%。对于网格尺度的定量化描述将在后文给出。

准则 2:网格分辨率对主要脉动无影响。在准则 1 的基础上,当网格尺度按比例减小时,捕捉到的流场中主要脉动频率的容差[表示为 $(\text{Res}_{time})_{maj}$]不超过 e_t。主要脉动是指经过本征正交分解(proper orthogonal decomposition,POD)后脉动能量占比较大的模态流场内包含的频率。$(\text{Res}_{time})_{maj}$ 的定义将在后文给出。

准则 3:网格分辨率对次要脉动无影响。在准则 2 的基础上,当网格尺度按比例减小时,捕捉到的流场中次要脉动频率的容差[表示为 $(\text{Res}_{time})_{min}$]不超过 e_t。类似地,这里的次要脉动频率是指 POD 分解后能量占比较小的模态流场所包含的频率。

对于网格分辨率所需要达到的准则的选择,需要根据实际工程应用需求而定。如果需要得到一个更为精确的时均流场,那么满足准则 1 即可;如果需要捕捉流场的主要脉动,那么满足准则 2 更加合适;如果需要精细化捕捉流场细节,那么就需要满足准则 3。通常情况下,准则 2 就可以满足需求。

1. 指标参数的选择

网格分辨率评估中 Res_{space} 和 Res_{time} 定义即指标参数,该参数的选择需要结合压气机设计和机理分析中感兴趣的物理量。

在准则 1 中,指标参数 Res_{space} 通常选择整机性能,如压比、效率和稳定裕度,或者局部时均气动参数,如静压分布、总压损失系数和壁面剪切应力等。对于这方面的考虑与 URANS 方法中进行网格无关性分析是一样的,这里不再赘述。

准则 2 和准则 3 通过 Res_{time} 描述网格分辨率对动态流场的影响程度。在非定常流场中,关注较多的是非定常频率,通常是用于失速预警信号或者非定常流动控制设计中的重要指标。因此,选取非定常频率的大小作为指标。这个非定常频率可以是压力场、速度场或者温度场等物理场进行 POD 分解后,提取主要脉动模态进行快速傅里叶变换的结果。主要脉动与次要脉动相比,具有更高的脉动能量以及更大的涡尺度,这也是选择用 POD 进行分析的原因。表 3-1 以压气机领域的热点气动问题为例给出了主要脉动频率和次要脉动频率的区别[20-23]。

表 3 - 1 典型压气机气动问题中频率的含义

研 究 问 题	主要脉动频率	次要脉动频率
旋转失速[24]	失速团旋转频率	涡分离或脱落相关频率
涡诱导的叶片振动问题[25]	叶片表面的压力脉动频率	流场中与叶片振动没有直接关联的频率
流动诱导的气动噪声[26]	高功率谱密度动态压力脉动频率（dB）	低功率谱密度动态压力脉动频率（dB）
流动损失[27]	高损失区域的大尺度脉动频率，如叶顶端区的叶尖泄漏涡的频率和角分离区通道涡、角涡的频率	低损失区域的脉动频率
非定常流动控制[28]	由流动控制技术诱发的涡频率	与非定常流动控制无直接关联的流动非定常频率
转静干涉[29]	尾迹脱落频率，靠近叶尖区域的大尺度涡频率	尾迹内小尺度涡的频率

2. $\mathrm{Res}_{\text{time}}$ 以及 e_t 的定义

假设低网格密度和高网格模拟预测的 k 阶模态对应的频率分别是 f^k 和 f^k_{std}，那么 $\mathrm{Res}_{\text{time}}$ 的定义如下：

$$\mathrm{Res}_{\text{time}} = \left| \frac{f^k - f^k_{\text{std}}}{f^k_{\text{std}} \cdot f^k} \right| \qquad (3-1)$$

误差范围 e_t 定义为

$$e_t = N_{\min} \Delta t_{\text{physical}} \qquad (3-2)$$

式中，$N_{\min}$ 为描述一个周期最小的样本个数；$\Delta t_{\text{physical}}$ 为物理时间步长。例如，对于一个正弦波，至少需要 5 个点来描述一个周期，即 $N_{\min} = 5$。该定义的含义是随着网格逐渐加密，基于当前物理步长的计算设置，在频率误差对应的一个周期内无法捕捉一个新的正弦波。

3. 网格尺度的定量化描述

网格尺度定量描述直观地反映了网格分辨率大小，提高了网格生成的可移植性，即一旦确定了网格尺度，就可以在生成几何相似的网格时作为参考，而无须重复网格分辨率评估。这可以有效降低基于高保真数值模拟研究过程中在网格分辨率研究方面的花费，同时提升计算结果的可靠性。

为了量化描述某一区域的网格尺度,本书定义了一个参数,命名为平均无量纲网格尺度,用 $\overline{\Delta l^+}$ 表示。它表示在进行 LES 数值模拟时解析的最小湍流长度尺度的平均值。长度尺度 Δl 的定义依赖于 DES 类数值方法中的滤波尺度。目前文献中有三种常用的定义方式。以网格单元 k 为例,当地网格的滤波尺度可以定义为:① 当地最大网格尺度[式(3-3)][20];② 局部单元体积的立方根[式(3-4)][21];③ 基于涡量的长度尺度[式(3-5)][22]。

$$\Delta l_k = \max(\Delta x_k,\ \Delta y_k,\ \Delta z_k) \tag{3-3}$$

$$\Delta l_k = (\Delta x_k \Delta y_k \Delta z_k)^{1/3} \tag{3-4}$$

$$\Delta l_k = \sqrt{N_{x,k}^2 \Delta y_k \Delta z_k + N_{y,k}^2 \Delta x_k \Delta z_k + N_{z,k}^2 \Delta x_k \Delta y_k},\quad N = \frac{\psi}{\|\psi\|},\quad \psi = \nabla \times W \tag{3-5}$$

无量纲网格尺度 Δl_k^+ 定义为

$$\Delta l_k^+ = Re_\tau \frac{\Delta l_k}{C} \tag{3-6}$$

式中,C 为特征尺度,通常指压气机叶片弦长或转子叶片高度;Re_τ 为基于壁面剪切应力的雷诺数。网格单元 k 处的 Re_τ 定义为

$$Re_{\tau,k} = \frac{u_{\tau,k} \cdot C}{\mu_{l,k}/\rho_k},\quad u_{\tau,k} = \sqrt{\frac{\tau_{w,k}}{\rho_k}} \tag{3-7}$$

式中,$\mu_{l,k}$ 和 $\tau_{w,k}$ 表示层流黏性系数和壁面剪切应力。后者可以根据 RANS 结果进行预估。Re_τ 为叶片表面的最大值,考虑到通常对于叶片前缘和尾缘的网格都会进行加密,因此最大值的选取应去掉靠近前缘和尾缘 5% 轴向弦长的范围,即

$$Re_\tau = \max(Re_{\tau,k}),\quad k \in \{5\%C_x \sim 95\%C_x \text{ 范围内叶片表面网格单元}\} \tag{3-8}$$

考虑整个计算域的网格是非均匀分布,为了讨论方便,以指定计算域内基于网格单元体积(Ω_k)平均的无量纲最大网格尺度作为指标,符号表示为 $\overline{\Delta l^+}$,即

$$\overline{\Delta l^+}\big|_{\text{region}} = \sum_{k=1}^{\text{cellNumber}} \Delta l_k^+ \cdot \Omega_k \Big/ \sum_{k=1}^{\text{cellNumber}} \Omega_k \qquad (3-9)$$

3.3.2 压气机流场分区策略

2001 年,Spalart[23]为外流场采用 DES 方法提供了一个网格划分的指导准则,在不同的区域采用不同疏密程度的网格划分尺度,并成功在翼型等外流场数值模拟中得到应用[23]。据此,本节根据压气机多壁面、通道局部逆压以及通道出口流动剧烈掺混等流动特点,将计算域划分为四类区域,即 IR、RR、FR 及 RL,每种区域的特征如下。

(1) IR: inlet region 的简称,对于进口均匀流动,该区域的流场没有明显的流动掺混,流动较为稳定,在该区域内网格较为稀疏。

(2) RR: RANS region 的简称,在靠近物理壁面的区域,以及远离叶栅通道的下游弱掺混区域,采用 RANS 方法的湍流模型进行计算,因此网格尺度的要求为满足在 RANS 计算框架下网格无关即可。

(3) FR: focus region 的简称,是重点研究的区域,包含分离、激波、涡掺混等复杂的流动现象。

(4) RL: RANS - LES region 的简称,叶栅通道内且没有大尺度的非定常脉动(包括涡系的掺混以及激波等),通常位于 FR 上游,对 FR 的流动有直接影响,该区域内网格虽没有 FR 的网格要求严苛,但网格密度大于 RR。

以某一半叶高(0.5h)的亚声速压气机叶栅为例,如图 3 - 5 所示,对于进口延伸段即 IR(图中蓝色区域);在叶片以及端壁等物面附近为 RR(图中绿色区域);在叶栅出口 1 倍轴向弦长(C_x)的下游区域,流动掺混的剧烈程度已有所降低,大尺度的涡脉动已大幅耗散,同样定义为 RR;对于叶栅通道内流动减速扩压的区域,在恶劣工况下,靠近吸力面的区域通常会出现大尺度分离,且

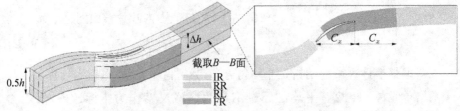

图 3 - 5　网格分区示意图

分离的流体在通道出口处剧烈地掺混,这是研究的重点区域,定义为 FR(图中粉色区域);在叶栅通道进口的加速区为顺压力梯度,不会出现大范围的附面层分离,但是这一区域的流动对下游影响较大,因此定义为 RL(图中黄色区域);另外,有时在靠近叶片中部一定高度内的流动(Δh)比较平稳,同样可以定义为 RL;但若通道内大尺度的分离已经影响到叶片中部,则该区域同样需要定义为 FR,具体可以根据 RANS 的数值结果进行预估。

3.3.3　网格分辨率评估流程

网格分辨率评估流程如图 3 - 6 所示。首先需要明确对数值模拟精度的要求。三个需求分别与三个准则相对应。接下来对整个计算域进行分区。然后,在不同的区域进行网格加密,尤其是 FR 和 RL,网格的加密按照无量纲网格尺度 $\overline{\Delta l^+}$ 按一定比例增加。接着采用 DES 类数值方法对不同网格分辨率的数值模型进行数值模拟。对于需求 1,分析时均流场满足准则 1 即可,对于需求 2 或需求 3,在分析了时均流场的基础上,分析脉动流场是否满足准则 2 或准则 3。当不满足时,继续加密网格再进行数值计算和分析。

经过图 3 - 6 的分辨率分析,可以定量化确定针对不同需求的网格尺度,

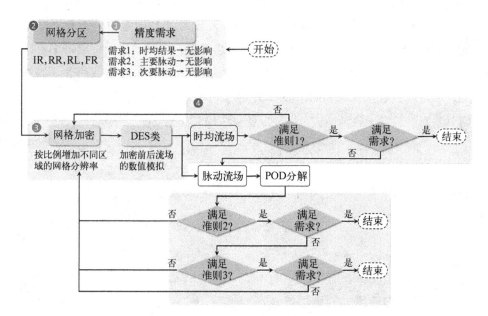

图 3 - 6　网格分辨率评估流程图

在相似几何的数值模拟中可以指导网格划分,提升数值结果的可靠性且无须重复进行网格分辨率的分析。

3.4　强逆压流场数值稳定性处理方法

3.4.1　CFL 数递增法

CFL(Courant-Friedrichs-Lewy)数是波形扰动在时间步长中传播的距离与网格大小的比例,其大小取决于 CFL 稳定性条件。稳定性条件是 CFD 中用于保证格式稳定性的必要条件,对数值方法的稳定性有着重要作用。从数学的角度讲,采用离散的方法稳定地求解双曲型偏微分方程时,差分方程的依赖域必须包含相应微分方程的依赖域;从 CFD 的角度讲,稳定性条件表示针对每一个计算单元,时间步长内任何信息传播的距离必须远小于网格单元之间的距离。根据稳定性条件,在类似纳维-斯托克斯方程这样的双曲型偏微分方程中,一般 CFL 数小于 1 且在 1 附近,这样沿特征线的传播不至于偏离得太远或者太近,进而可以保证数值解的准确性。但在高精度数值计算中,对于高速、强逆压梯度的流场,这样的取值却难以收敛。虽然减小 CFL 数可以保证计算的稳定性,但 CFL 数过小会减缓收敛速度,进而增加了计算量。

经研究发现针对高速强逆压流场问题,在迭代的初始阶段易出现发散情况。因此,本节提出 CFL 数递增方法,基本思想是在迭代的开始阶段采用较小的 CFL 数来保证计算的稳定性,随后逐渐增加 CFL 数来保证收敛速度。具体见式(3-10),在迭代的初始阶段 CFL 数为 CFL_{init},按照每迭代 $N_{increase}$ 步增加 $CFL_{increase}$ 的幅度来逐渐增大 CFL 数,直至达到 CFL_{max}。

每个参数的取值大小根据实际问题而定。在本节中 $N_{increase} = 500$,$CFL_{increase} = 0.1$,$CFL_{max} = 0.8$;针对跨声速转子(Rotor37)的数值模拟,$CFL_{init} = 0.001$;针对高亚声速压气机叶栅流场,$CFL_{init} = 0.1$。

$$CFL = \begin{cases} CFL_{init} + \text{int}(n_{step}/N_{increase})CFL_{increase}, & CFL < CFL_{max} \\ CFL_{max}, & CFL \geq CFL_{max} \end{cases} \quad (3-10)$$

3.4.2　数值格式的局部熵修正

Roe 格式具有低耗散、激波分辨率高和计算稳定的特点,但在高马赫数时,尤其是出现流场间断的情况下,也会出现非物理解,这一现象称为"红玉"(carbuncle)现象[30],即在速度梯度较大的地方,Roe 格式中系数矩阵即式(2-29)的特征值太小,违反了熵条件,导致无法正确模拟膨胀过程。实际计算中计算结果表现为:在激波附近、叶片前缘驻点处以及加速区近壁面附面层内,物理参数(压力或马赫数等)等值线出现褶皱、锯齿状等非物理现象,这种非物理振荡甚至会引起数值发散。

为了解决这一问题,通常需要在流场中引入熵修正[31],本质上讲就是通过引入数值耗散来抑制非物理振荡。为了尽量减小引入的数值耗散对弱梯度区域和大分离区域流场的污染,此处采用局部熵修正方法,即仅在特征值特别小的区域进行修正,具体如下:

$$\lambda_i = \begin{cases} (\lambda_i^2 + \xi^2)/2\xi, & \lambda_i \leq \xi \\ \lambda_i, & \lambda_i > \xi \end{cases}, \quad \xi = \lambda_{\max}\xi_0 \tag{3-11}$$

式中,ξ_0 为一小量,本书取 0.125。

3.4.3　湍流模型的变量限定

S-A 模型,即方程(2-62)的源项(产生项和耗散项的总和)从物理意义上来讲是非零的,也就是说产生项必须大于耗散项,甚至在涡量为零的情况下仍需要满足非零条件。但是在数值计算初始阶段,在近壁面处可能无法给出合理的速度分布,使得式(2-65)中涡量 ψ_{ij} 非常小,此时产生项中变量 $\hat{S}$ 接近于零,这会出现产生项小于耗散项的情况,随后这一现象通过能量方程的传递作用,造成流场压力为负,进而使得整个流场的计算发散。

为了提升计算稳定性,根据美国国家航空航天局的建议[32],首先对产生项中变量 $\hat{S}$ 进行限定,使得其最小值不会小于 0.3S,另外对耗散项中的变量 r 进行限定,使其不小于 10,防止耗散项中被除数接近零的情况,具体见式(3-12)。通常情况下,这样的限定不会对收敛结果造成影响,只是在迭代的初始阶段将变量拉回到合理的取值范围。

$$\hat{S} = \max\left[S + \frac{1}{Re_{\text{ref}}}\frac{\hat{v}_T}{\kappa^2 d^2}f_{v2}, \quad 0.3S\right]$$

$$r = \min\left[\frac{1}{Re_{\text{ref}}}\frac{\hat{v}_T}{\hat{S}\kappa^2 d^2}, \quad 10\right] \tag{3-12}$$

3.5　压气机内部流动的边界条件处理方法

　　控制方程(2-1)可以正确地描述可压缩牛顿流体的运动规律,但针对每一个单独的物理问题,需要给定适当的初始条件和边界条件才能得到具体的流场。以上两者统称为定解条件。压气机的边界条件有进口边界条件、出口边界条件、相对无滑移壁面边界条件、周期性边界条件等。

　　为了方便全流场统一迭代计算,提高并行效率,本书对计算域边界进行虚拟网格法的处理。如图3-7所示,通过给定虚拟网格(ghost cell)g_1、g_2 处的值,间接地使边界处的物理量满足边界条件,即将边界条件的给定转化为虚拟网格变量值的求解。考虑到最高采用的五阶 WENO 格式,因此向外延拓两个虚拟网格即可。

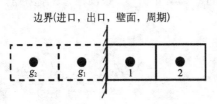

边界(进口, 出口, 壁面, 周期)

g_2　g_1　1　2

图 3-7　虚拟网格示意图

3.5.1　进口边界条件

　　当进口气流为亚声速时,一般给定总温 T_{in}^*、总压 p_{in}^*、进口轴向气流角 θ_{axial}(以 x 方向为例)和进口展向气流角 θ_{span}(以 z 方向为例),同时采用附加条件 $\partial p/\partial l = 0$($l$ 表示沿流线方向),从流场内向边界传递静压 p_{in}。采用 S - A 模型时,还需要给定进口湍流黏性系数 μ_t。由于压气机计算域划分进口有比较长的延伸段,来流条件在流动方向近似不变,因此 g_1 和 g_2 虚拟网格的值与网格点 1 的值相同,即 $m_{g2} = m_{g1} = m_1$,其中 m 表示物理量 T_{in}^*、p_{in}^*、θ_{axial}、θ_{span}、p_{in} 或 μ_t。因此,虚拟网格上各物理量可以通过求解进口马赫数 Ma_{in} 即式(3-13)、进口静温 T_{in} 即式(3-14)和进口度矢量 W_{in} 即式(3-15)获得。

$$Ma_{in} = \left\{ \frac{2}{\gamma - 1} \left[\left(\frac{p_{in}^*}{p_{in}} \right)^{\frac{\gamma-1}{r}} \right] \right\} \tag{3-13}$$

$$T_{in} = T_{in}^* \left(\frac{p_{in}}{p_{in}^*} \right)^{\frac{\gamma-1}{\gamma}} \tag{3-14}$$

$$| W_{in} | = Ma_{in} \sqrt{kRT_{in}} \tag{3-15}$$

$$w_x = |\boldsymbol{W}_{\text{in}}| \sin\beta_{\text{span}}\cos\beta_{\text{axial}}, \quad w_y = |\boldsymbol{W}_{\text{in}}| \sin\theta_{\text{span}}\sin\theta_{\text{axial}}, \quad w_z = |\boldsymbol{W}_{\text{in}}| \cos\theta_{\text{span}}$$

$$(3-16)$$

对于 S – A 模型,进口湍流黏性系数是层流黏性系数的 5 ~ 10 倍,即 $\mu_t/\mu_l = 5 ~ 10$。

3.5.2　出口边界条件

压气机出口一般都是亚声速边界条件,只需给定出口静压 p_{out},其他参数如密度、速度、湍流黏性系数沿流向采用一阶外推,即

$$p_{g1} = 2p_{\text{out}} - p_1, \quad \boldsymbol{W}_{g1} = \boldsymbol{W}_1, \quad \rho_{g1} = \rho_1, \quad \mu_{tg1} = \mu_{t1}$$
$$p_{g2} = 2p_{\text{out}} - p_2, \quad \boldsymbol{W}_{g2} = \boldsymbol{W}_1, \quad \rho_{g2} = \rho_1, \quad \mu_{tg2} = \mu_{t1}$$

$$(3-17)$$

3.5.3　相对无滑移壁面边界条件

无滑移边界条件是一种物面边界条件,即流体相对于物面静止。此外,本书均假定物理壁面绝热等熵,在壁面处有 $\partial p/\partial n = 0$,$\partial T/\partial n = 0$,为此,虚拟网格静压和静温给定为

$$p_{g1} = p_1, \quad T_{g1} = T_1$$
$$p_{g2} = p_2, \quad T_{g2} = T_2$$

$$(3-18)$$

由于相对无滑移边界条件,边界处速度在静子和转子部件中的计算略有不同。

(1)静子部件:边界处 $w_x = 0$,$w_y = 0$,$w_z = 0$。为了达到以上物面边界,虚拟网格物理量给定方法为

$$\boldsymbol{W}_{g1} = -\boldsymbol{W}_1, \quad \boldsymbol{W}_{g2} = -\boldsymbol{W}_2 \qquad (3-19)$$

(2)转子部件:在相对坐标系下,流体相对旋转物体(转子叶片与轮毂)表面静止,机匣壁面相对于转子反向旋转,如图 3–8 所示。转子表面给定静壁面边界,机匣壁面物理量在圆柱坐标系下径向、切向、流向速度(w_r、w_t、w_a)需满足 $w_r = 0$,$w_t = -\omega r$,$w_a = 0$。在直角坐标系下则有

$$w_x = 0, \quad w_y = -\omega Z, \quad w_z = \omega Y \qquad (3-20)$$

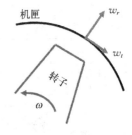

图 3–8　机匣与转子相对运动示意图

因此虚拟网格物理量给定方法为

$$w_{xlg1} = -w_{xl1}, \quad w_{ylg1} = -2\omega Z - w_{yl1}, \quad w_{zlg1} = 2\omega Y - w_{zl1}$$

$$w_{xlg2} = -w_{xl2}, \quad w_{ylg2} = -2\omega Z - w_{yl2}, \quad w_{zlg2} = 2\omega Y - w_{zl2} \quad (3-21)$$

对于 S-A 模型,在壁面处 $\mu_t = 0$,则虚拟网格的取值为

$$\mu_{tg1} = -\mu_{t1}, \quad \mu_{tg2} = -\mu_{t2} \quad (3-22)$$

3.5.4　周期性边界条件

在来流均匀及压气机稳定工作的情况下,流场可以近似认为是以叶片通道为周期的周期性流场,因此对整个流场的模拟可以减少为对单个通道的数值模拟,可以有效地降低计算量。数值模拟中通道的两侧则需给定周期性边界条件。互为周期的两个边界各个物理量的大小相等,即

$$p_{g1} = p_1, \quad T_{g1} = T_1, \quad \rho_{g1} = \rho_1, \quad |W_{g1}| = |W_1|, \quad \mu_{tg1} = \mu_{t1}$$

$$p_{g2} = p_2, \quad T_{g2} = T_2, \quad \rho_{g2} = \rho_2, \quad |W_{g2}| = |W_2|, \quad \mu_{tg2} = \mu_{t2} \quad (3-23)$$

速度矢量的周期性边界给定则略有不同:对于平面问题,如压气机平面叶栅,在直角坐标系下速度矢量相同,如图 3-9(a) 所示,即 $W_{g1} = W_1$;对于环形问题,如压气机转子、静子等,如图 3-9(b) 所示,周期边界处速度矢量相等是在圆柱坐标系下满足的条件,而在直角坐标系下则有

$$\theta_1 = \arctan(y_1/z_1), \quad \theta_{g1} = \arctan(y_{g1}/z_{g1})$$

$$w_{r1} = w_{z1}\cos\theta_1 + w_{y1}\sin\theta_1, \quad w_{t1} = -w_{z1}\sin\theta_1 + w_{y1}\cos\theta_1$$

$$w_{xlg1} = w_{a1}, \quad w_{ylg1} = w_{r1}\sin\theta_{g1} + w_{t1}\cos\theta_{g1}, \quad w_{zlg1} = w_{r1}\cos\theta_{g1} - w_{t1}\sin\theta_{g1} \quad (3-24)$$

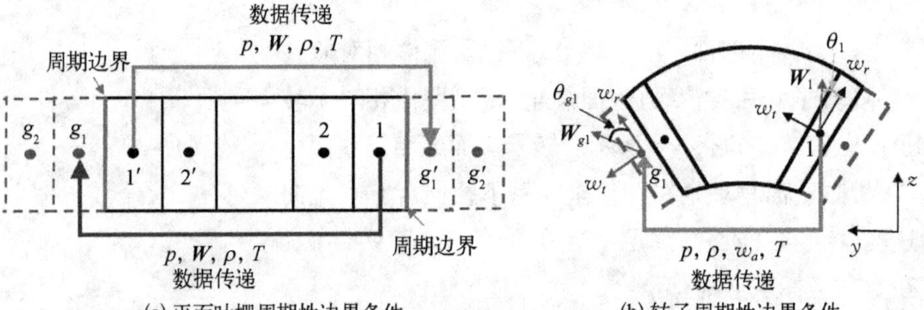

(a) 平面叶栅周期性边界条件　　(b) 转子周期性边界条件

图 3-9　不同类型周期性边界条件示意图

3.6　压气机内流场数值模拟的并行方法

3.6.1　并行计算概述

并行计算是指在并行计算机上,将一个给定的应用问题分解成若干个相互独立的子任务,通过一定的组合方式分配给不同的处理器,各个处理器间通过相互协作,并行地执行各个子任务,从而最终求得原问题的解。并行计算是在保证计算结果准确的前提下,达到提高求解速度或者扩大求解问题规模的目的。

对于传统的串行 CFD 求解器,其求解速度的提高主要包括两个方面:一是提高算法本身的收敛速度;二是通过改变程序代码的执行方式来缩短程序运行时间。对一个既定的 CFD 算法,提高算法本身的收敛速度很容易遇到瓶颈,而以缩短程序运行时间为目的的并行计算技术成为提高 CFD 求解速度的主要途径。另外,串行 CFD 求解器受制于单处理器内存资源的限制,只能处理有限网格规模的计算,如 2GB 的内存一般只能处理 10 万量级的网格规模,当数值模拟千万甚至更大量级的网格时,可借助并行计算,线性扩大求解问题的规模。在叶轮机械内流数值模拟中,串行 CFD 程序只适合求解单级单叶道内部流场,而对多级多叶道流场的数值模拟,网格规模巨大,必须采用并行 CFD 方法。此外,叶轮机械内流数值模拟准确度的提高,需要引入更高精度的数值方法,而高精度的离散格式又会引入更为复杂的插值模板或者引入更复杂的数值计算,这同样会增大 CFD 程序的计算量,延长求解时间。因此,对于高精度的数值模拟方法,可以借助并行计算,针对所增加的计算量引入更多的处理核心来加速计算。由此可见,在叶轮机械领域要想达到更快的求解速度、更大的求解规模以及更高的求解精度,都需要并行 CFD 技术。

近年来,并行计算流体力学在并行计算技术的强力推动下获得了突飞猛进的发展,对流体机械内部复杂流场的深入研究,尤其是针对流体机械整机非定常流动的大规模数值模拟,需要高效能并行计算机及大规模并行计算流体力学的强力支持。从美国、日本、欧盟等国家近年来发布的基于并行计算的重大研究计划来看,几乎都把大规模并行计算流体力学列为重要的支持方向。例如,美国国家科学基金会(National Science Foundation, NSF)[33]、美国能源部(Department of Energy, DOE)[34]、美国国防部(United States Department of Defense, DOD)[35]、美国国家航空航天局(National Aeronautics and Space Administration, NASA)[36]

支持了一批高性能计算流体力学研究项目,并在数字风洞、湍流机理、航空发动机、飞行器整机绕流模拟等领域取得了进展。目前,我国的高性能并行计算机技术发展迅速,"十一五"期间,科技部部署了 863 重大项目"高效能计算机及网格服务环境",国防科技大学、曙光信息产业股份有限公司、中国人民解放军总参第五十六研究所于 2010 年先后研制出了三台千万亿次高效能计算机系统。与此同时,重大项目支持了一批规模在 4096 核左右的计算应用,其中包括高能物理、计算化学、生物信息、海量数据处理等科学计算,以及铁路货运、气象预报、水利信息、节能减排、工业仿真和优化设计等工程应用。可见,高性能并行计算技术及其在流体力学等方面的应用已经备受国内外重视。

为了方便在不同的并行计算机系统上开展并行计算应用,各种编程模型应运而生。并行编程模型[37]是简化程序员编写并行程序使用的编程接口,该接口在一定程度上隐藏了并行编程过程中的通信、同步等程序实现细节,它与并行计算机系统组成结构紧密相关。现今比较流行的并行编程模型主要分为两类:共享内存模型和消息传递模型。共享内存模型中最具代表性的是起源于 ANSI X3H5 标准的 OpenMP 标准[38],该标准与 C、C++和 Fortran 语言绑定使用,只需在程序中添加一定的编译指导语句便可实现程序并行化,OpenMP标准简单易用,在细粒度的并行 CFD 中得到广泛应用。消息传递模型支持多地址空间非共享存储器系统,该模型中各个参与计算的进程独享局部内存空间,进程间的数据交换通过发送与接收消息来实现。由美国橡树岭国家实验室(Oak Ridge National Laboratory, ORNL)在 1989 年推出的并行虚拟计算机[39](parallel virtual machine, PVM)是较早采用消息传递模型的并行编程软件,之后,消息传递接口(message passing interface, MPI)也由 MPI 委员会于 1994 年发布[40]。基于消息传递的并行编程模型在粗粒度 CFD 的并行计算中得到了广泛应用。

串行算法或程序在并行化过程中,一般需要考虑到以下四个基本特征[41]:首先,需要保证串行 CFD 并行化后的并行计算结果与之前的串行计算结果相一致,即串、并行计算一致,这是并行计算正确性的要求。其次,并行化后的 CFD 程序,需要尽可能使其在所运行的并行计算平台上拥有更高的性能,即以更快的速度完成计算,这也是并行计算的研究重点。再次,并行 CFD 程序需要具有良好的可扩展性,即随着处理器数量的增加,在保证并行算法或程序性能不变的情况下,所需增加的求解问题的规模最小。最后,并行 CFD 程序还需要具有良好的可移植性,即并行程序能够在不同的并行平台上运行,并且其并行性能不会随着并行平台的改变而发生较大幅度的波动。总之,并行 CFD 的实现,既需要考虑算法或程序的正确性与性能,又需要考虑算法或程序本身的可扩展性和可移植性。本节重点对基于 OpenMP 和 MPI 的并行方法进行介绍。

3.6.2　基于 OpenMP 的并行

OpenMP 是基于线程的并行编程模型,这并不是一门新语言,而是对现有编程语言的扩展,支持 Fortran、C、C++等语言,是共享存储体系结构上的一组应用程序编程接口(application program interface, API)。由于易于实现,且在三维计算流体力学中存在三个坐标系方向循环迭代的大量计算,因此在计算程序中嵌入 OpenMP 并行算法可以在一定程度上提升计算效率。

适合 OpenMP 的硬件层是共享内存多处理器系统和多核处理器等。在 Linux 平台下 GUN 编译器套件①(GUN compiler collection, GCC)编译器和 Windows 平台下的 Intel Visual Fortran 编译器(嵌入 Visual Studio 开发环境)都可以实现。

OpenMP 采用松一致性(relaxed-consistency)共享存储模型,如图 3 - 10 所示,也就是说,线程可以采用私有存储空间"缓存"它们的数据,而不必要在任何时刻都保持共享内存数据的实时精确一致性。其中共享存储是所有 OpenMP 线程都可以存取数据的空间。每个线程拥有自己存储的临时视图,该临时视图不要求是 OpenMP 存储模型的一部分,但是可以映射为线程和共享存储空间的寄存器、缓存或者本地存储。线程私有存储则只能被本地线程访问,而不被其他线程访问。

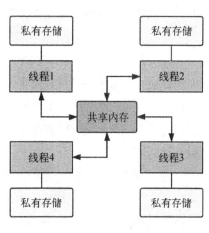

图 3 - 10　共享存储特点

在本书所提出的三维高保真数值方法中,循环体中存在计算坐标系 I、J、K 三个方向的重复性 DO 循环迭代求解的模块,这些循环模块的计算量大,但数据之间并无直接的相互依赖关系,很适合采用 OpenMP 线程级并行。程序实

---

① Linux 系统下的 GCC(GNU compiler collection)是 GNU 推出的功能强大、性能优越的多平台编译器,是 GNU 的代表作品之一。GCC 是可以在多种硬体平台上编译出可执行程序的超级编译器,其执行效率与一般的编译器相比平均效率要高 20%~30%。

现过程中仅需添加相应的编译指导语句(如"! $omp parallel do private(j)")即可实现多线程并行,在程序执行过程中,通过设定系统环境变量或者调用相关的库函数来指定并行执行的线程个数。

图 3-11 给出了 OpenMP 执行模型的示意图,在初始阶段,采用单个线程(初始线程)串行执行,如当遇到 I、J、K 三个方向循环迭代模块时,采用多线程 OpenMP 对三个方向的循环体同时进行计算,当线程组中的所有线程都到达并行区域末尾时,只有初始线程继续执行,其他线程睡眠或者撤销。基于 OpenMP 的并行方法可以在一定程度上提升原串行程序的计算速度,但由于程序中串行仍然占主体,因此提升的能力有限。

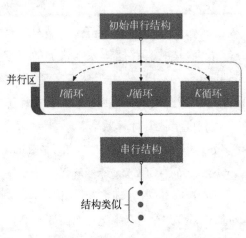

图 3-11　OpenMP 执行模型

3.6.3　基于 MPI 的并行

针对大规模计算问题,由于网格数量巨大,采用串行计算不仅计算速度在工程上无法接受,而且对单个进程的存储空间提出了非常高的要求。与基于线程的 OpenMP 相比,基于进程的 MPI 的并行效率更高。MPI 基于消息传递编写并行程序。

在实现 MPI 并行计算时,考虑到每一个网格块上进行的求解过程是完全一样的,所不同的只是边界条件。因此,可以将计算任务进行拆分,每个进程只负责单个或一组网格块的计算,在每次迭代计算完成后,通过 MPI 将每个网格块边界处的物理量信息相互传递。对于如图 3-12(a)所示的由 A、B、C、D 分别为 4 个网格块组成的二维网格(图中绿色实线表示物理边界,红色实线表示内边界),在进行 MPI 并行计算时,这 4 个网格块分别独立地在 4 个进程上进行计算。对于物理边界可以在各自进程内根据 3.5 节的内容直接计算;但是对于块与块之间的内边界则需要进行如图 3-12(b)所示的消息传递。在数据传递时,在网格块 A 周围开辟虚拟网格(图中边界存储区),将相邻网格块 B 和 D 与 A 相邻的边界离散点(红色实心点)信息通过 MPI 通信传递到虚拟网格中,同理网格块 A 内边界离散点(黑色实心点)的信息也需要通过 MPI 通信传递到网格块 B 和 D 对应的虚拟网格中。由于对角线网格块 C 与网格块 A 没有直接的相邻关系,因此网格块 C 上的角点(蓝色空心圈)p_C 的值无法直接获取,需要借助周围点进行插值近似。对图 3-12(a) 中 p_C 点的一阶插值为

$$p_C = p_D + p_B - p_A \tag{3-25}$$

为了尽量降低 MPI 信息传递对内存和 CPU 时间的消耗,虚拟网格的数量应该尽可能小。对于二阶中心差分格式,最少需要 1 个虚拟网格;对于迎风格式,需要的虚拟网格数量主要取决于重构格式。表 3-2 给出不同重构格式与需要的虚拟网格的数量。

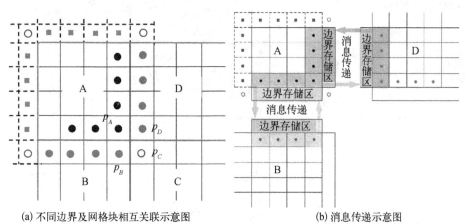

(a) 不同边界及网格块相互关联示意图　　　　　　(b) 消息传递示意图

图 3-12　消息传递示意图(以块 A 为研究对象)

绿色方形代表物理边界离散点;红色/黑色实心点代表内边界离散点;蓝色空心点代表角点

表 3-2　不同重构格式需要的最少虚拟网格数量

重 构 格 式	虚拟网格数量
零阶重构	1
van Albada 限制器	1
min mod 限制器	1
三阶 MUSCL	2
五阶 WENO	3

　　大量的迭代计算在每个进程上独立进行,当需要边界(内边界和周期性边界)物理场信息时,在进程间实现信息传递;当执行全局流场参数计算时,如全局残差、进出口流量等,通过集合通信的方式将所有进程的值进行规约运算后并广播到所有进程;主进程的控制参数、求解的全流场参数通过广播的方式传递给其余所有进程。并行程序的主框架如图 3-13 所示。

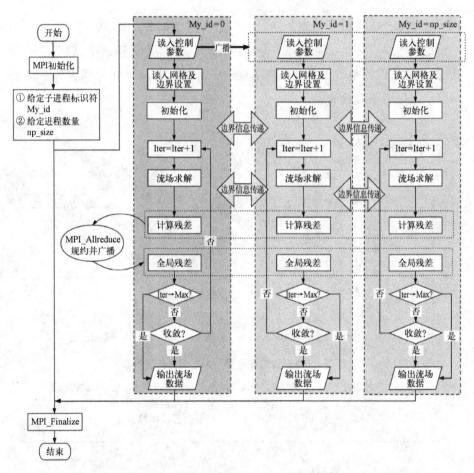

图 3-13　程序流程图——主框架[42]

程序的计算流程如下。

　　(1) 进行 MPI 初始化,给定计算所需的进程数量,并为每个进程编号,以 My_id=0 的进程为进行控制参数读入及全流场参数计算的"主进程";主进程读入控制参数,并通过广播的方式将控制参数传递到 My_id=1~np_size 的每一个进程。

（2）每个进程读入各自需要处理的网格及边界设置,然后进行初始化,包含网格格心点、网格单元的面矢量和体积、到最近壁面的距离、物理场初始值的给定以及变量初始化;随后通过 MPI 消息发送与接收,将内边界和周期性边界处的物理信息传递到连接位置。

（3）迭代步数 Iter 计数,进行流场求解,包含求解质量方程、动量方程、能量方程和湍流模型的求解,涉及内边界和周期性边界条件物理信息的迭代更新,则仍然需要借助 MPI 通信进行信息传递。

（4）每个进程上计算残差,通过通信集合的方式进行规约运算求取全流场最大值,并将结果广播至所有进程。

进行迭代步数及收敛性判断,若计算达到收敛标准或迭代步数达到设定的最大值,则退出计算过程并输出各个进程上的流场结果。

3.6.4　MPI 和 OpenMP 耦合并行

OpenMP 是为多核 CPU 编写并行程序时设计的用来指导共享内存、多线程并行的编译指导指令和应用程序的编程接口,可与 C/C++和 Fortran 联合使用。OpenMP 的并行模型采用 fork-join 方式,其中 fork 创建新线程或者唤醒已有线程,join 则为多个线程的汇合。OpenMP 与 MPI 混合并行时,首先会在 MPI 进程中产生一个主线程,当遇到需要细粒度并行执行的代码段时,由主线程派生出多个子线程来执行并行任务。在并行执行过程中,主线程与派生线程共同工作,在并行代码执行结束后,派生线程退出或者阻塞,不再参与计算,而主线程则接管控制流程并继续执行。

图 3-14 给出了采用 MPI 与 OpenMP 耦合的编程结构,首先将计算域的网格合理分配到多个进程中,实现粗粒度并行,在每一个进程求解过程中,当遇到 DO 对多个维度的代数方程求解时,MPI 中的主线程创建/唤醒(fork)出多个线程,进行细粒度并行。当代数方程求解完毕后,所有的并行线程汇合(join)回主线程,由主线程执行后续的工作。针对分配到每个 MPI 进程上的计算任务,采用 OpenMP 多线程机制可以加速各个离散代数方程组的求解速度。

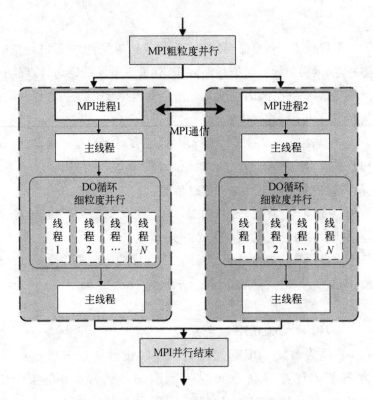

图 3 - 14　MPI 与 OpenMP 耦合编程

3.6.5　并行方法验证与测试

1. OpenMP 测试

在 RANS 方法的基础上,第 3 章提出了线程级 OpenMP 并行方法。本节对并行前后程序运算的快慢进行评估,并寻找最优线程数,以期实现对硬件的高效利用。测试的三个系统分别如下。

(1) Linux 虚拟机:计算机处理器为 Intel(R) Core(TM) i7 - 4790K,CPU 主频为 4.0 GHz。

(2) 阿里云 ECS Linux 系统:阿里云 ECS 服务器 4 核 8GB 系列 III 共享计算型。

(3) Windows 系统:计算机处理器为 Intel(R) Core(TM) i7 - 4790K,CPU 主频为 4.0 GHz。

记录以 5 万网格量的数据量迭代计算 100 步所用时间,结果如图 3 - 15 所示,三角形点、方形点和圆点分别表示 Linux 虚拟机、阿里云 ECS Linux 系统以及 Windows 系统的运行结果。从系统的层面对比,可以看出在本节测试所使用的 Windows 系统上运行速度最快。从线程数的角度来看,采用 3 个线程完成同等运算量所用时间最短,因此采用 OpenMP 并行计算是给定 3 个线程数可实现对硬件的最优利用。

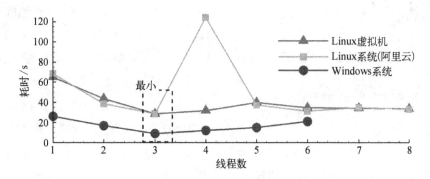

图 3-15 基于 OpenMP 最优线程数

2. MPI 验证与测试

1) MPI 并行进程间数据传递的准确性验证

为了检查基于 MPI 并行多个进程间数据传递的准确性,这里基于 RANS 方法将并行与串行结果进行对比。以可控扩散叶栅 NPU-A1 为研究对象,采用 AutoGrid™ 进行网格划分,采用 O4H 型网格拓扑结构将计算域划分为 5 个网格块结构,如图 3-16 所示。每个进程上只进行 1 块网格的运算,每个进程上都存在至少与 3 个进程的消息通信。叶片表面和下端壁给定绝热无滑移边界,上端壁给定滑移边界条件,流道两侧给定周期性边界条件。

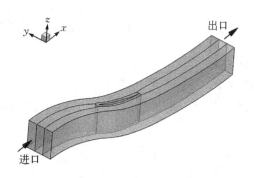

图 3-16 计算网格拓扑

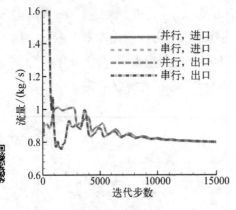

图 3-17　串行、并行迭代过程对比
——进出口质量流率

采用串行程序和基于 MPI 的并行程序进行数值模拟,由于本节重点在于并行和串行程序计算结果一致性的验证,因此本节并不讨论数值结果与实验相比的准确性。迭代过程中单个通道进出口质量流率收敛曲线如图 3-17 所示,可见迭代过程中曲线收敛过程完全相同,且收敛后进、出口流量可以保证一致。选取 25% 叶高处流场进行对比,无量纲静压结果如图 3-18 所示,左、右两侧分别为串行和 MPI 并行结果,从静压等值线分布可以看出,静压值的大小及分布吻合良好,验证了 MPI 进程间消息传递的准确性。

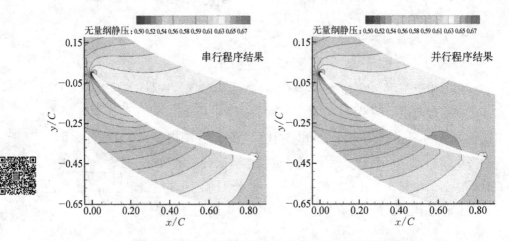

图 3-18　串行、并行计算结果对比——无量纲静压对比

2) MPI 并行效率测试

并行效率是衡量并行程序性能的评价指标,在进行并行计算之前,需要测试并行效率,以期实现对硬件最为高效的使用。并行效率 $\mathrm{Eff}(n)$ 定义为

$$\mathrm{Eff}(n) = \frac{S(n)}{n} \tag{3-26}$$

式中,n 为并行计算的进程数;$S(n)$ 为加速比。

加速比是串行时间 t_{serial} 和并行时间 $t_{parallel}$ 的比值,定义为

$$S(n) = \frac{t_{serial}}{t_{parallel}} \tag{3-27}$$

本节 MPI 计算采用 3 个进程进行测试,每个进程上给定相同的网格数,分别是 2 万、5 万、10 万、16 万、21 万、25 万和 30 万。迭代 5 000 步后分别统计串行和并行时间,并计算并行效率。测试计算在"天河二号"上完成。测试结果如图 3-19 所示,可以看出单个进程上约 20 万的网格节点并行效率最高。

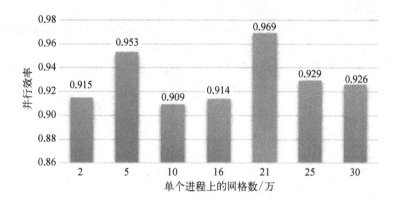

图 3-19 程序并行效率测试结果

参考文献

[1] 李雪松,顾春伟. 有大分离的压气机高压级静叶分离涡模拟研究[J]. 工程热物理学报,2009,30(1):31-34.

[2] 陈美兰,李雪松,顾春伟. DES 和 RANS 模型在压气机叶栅流动中的研究[C]. 深圳:大型飞机关键技术高层论坛暨中国航空学会 2007 年学术年会,2007.

[3] 杨泽宇. DDES 方法在压气机平面叶栅中的应用[D]. 西安:西北工业大学,2016.

[4] LIU Y W, YAN H, LU L. Numerical study of the effect of secondary vortex on three-dimensional corner separation in a compressor cascade[J]. International Journal of Turbo and Jet-Engines, 2016, 33(1): 9 - 18.

[5] 刘若阳,侯安平,单树军,等. 基于 DDES 方法的叶栅分离旋涡的非定常流动数值研究[J]. 推进技术,2017(1):16-26.

[6] 顾春伟,奉凡,李雪松,等. DES 模型在压气机亚音转子中的应用探讨[J]. 工程热物理学报,2008,29(6):951-956.

[7] 李雪松,奉凡,顾春伟. 静动干涉流动的分离涡模拟研究[J]. 工程热物理学报,2009(6):953-956.

[8] HONGSIK I M, CHEN X, ZHA G. Detached-eddy simulation of rotating stall inception

for a full-annulus transonic rotor[J]. Journal of Propulsion and Power, 2012, 28(4): 782 – 798.

[9] HONGSIK I M, CHEN X, ZHA G. Detached eddy simulation of transonic rotor stall flutter using a fully coupled fluid-structure interaction[C]. Vancouver: ASME Turbo Expo 2011, 2011.

[10] GAN J Y, IM H S, ZHA G C. Simulation of stall inception of a high speed axial compressor with rotor-stator interaction[C]. Orlando: The 51st AIAA/SAE/ASEE Joint Propulsion Conference, 2015.

[11] GAN J Y, IM H S, ZHA G C. Delayed detached eddy simulation of rotating stall for a full annulus transonic axial compressor stage[C]. Seoul: ASME Turbo Expo 2016, 2016.

[12] SHI K, FU S. Study of shock/blade tip leakage vortex/boundary layer interaction in a transonic rotor with IDDES method[C]. San Antonio: ASME Turbo Expo 2013, 2013.

[13] YAMADA K, KIKUTA H, IWAKIRI K, et al. An explanation for flow features of spike-type stall inception in an axial compressor rotor[J]. Journal of Furbomachinery, 2013, 135(2): 1 – 11.

[14] KUSANO K, JEONG J H, YAMADA K, et al. Detached eddy simulation of unsteady flow field and prediction of aerodynamic sound in a half-ducted propeller fan[C]. Hamamatsu: ASME – JSME – KSME 2011 Joint Fluids Engineering Conference, 2011.

[15] YAMADA K, FURUKAWA M, NAKAKIDO S, et al. Large-scale DES analysis of unsteady flow field in a multi-stage axial flow compressor at off-design condition using k computer[C]. Montreal: ASME Turbo Expo 2015, 2015.

[16] MA W. Experimental investigation of corner stall in a linear compressor cascade[D]. Lyons: University of Lyon, 2012.

[17] MA W, GAO F, OTTAVY X, et al. Numerical investigation of intermittent corner separation in a linear compressor cascade[C]. Seoul: ASME Turbo Expo 2016, 2016.

[18] LIU Y, YAN H, LU L, et al. Investigation of vortical structures and turbulence characteristics in corner separation in a linear compressor cascade using DDES[J]. Journal of Fluids Engineering, 2017, 139(2): 1 – 14.

[19] LI R, ZHAO L, GE N, et al. Grid resolution assessment method for hybrid RANS-LES in turbomachinery[J]. Engineering Applications of Computational Fluid Mechanics, 2021, 16(1): 279 – 295.

[20] SPALART P R, JOU W H, STRELETS M K, et al. Comments on the feasibility of LES for wings and on a hybrid RANS/LES approach[C]. Ruston: The First AFOSR International Conference on DNS/LES, 1997.

[21] BREUER M, JOVIČIĆ N, MAZAEV K. Comparison of DES, RANS and LES for the separated flow around a flat plate at high incidence[J]. International Journal for Numerical Methods in Fluids, 2003, 41(4): 357 – 388.

[22] RIÉRA W, MARTY J, CASTILLON L, et al. Zonal detached-eddy simulation applied to the tip-clearance flow in an axial compressor[J]. Journal of Aircraft, 2016, 53(4):

2377 - 2392.

[23] SPALART P R. Young-person's guide to detached-eddy simulation grids [R]. Washington: NASA, 2001.

[24] GAO L, LI R, MIAO F, et al. Unsteady investigation on tip flow field and rotating stall in counter-rotating axial compressor [J]. Journal of Engineering for Gas Turbines and Power, 2015, 137(7): 1 - 11.

[25] LAU Y L, LEUNG R C K, SO R M C. Vortex-induced vibration effect on fatigue life estimate of turbine blades [J]. Journal of Sound and Vibration, 2007, 307(3 - 5): 1 - 22.

[26] SHARMA S, BROATCH A, GARCÍA-TÍSCAR J, et al. Acoustic characterisation of a small high-speed centrifugal compressor with casing treatment: an experimental study [J]. Aerospace Science and Technology, 2019, 95: 1 - 15.

[27] LI R, GAO L, ZHAO L, et al. Dominating unsteadiness flow structures in corner separation under high Mach number [J]. AIAA Journal, 2019, 57(7): 2923 - 2932.

[28] LI Y H, WU Y, ZHOU M, et al. Control of the corner separation in a compressor cascade by steady and unsteady plasma aerodynamic actuation [J]. Experiments in Fluids, 2010, 48(6): 1015 - 1023.

[29] GOURDAIN N. Prediction of the unsteady turbulent flow in an axial compressor stage. part 2: analysis of unsteady RANS and LES data [J]. Computers and Fluids, 2015, 106: 119 - 129.

[30] ROE P L. A survey of upwind differencing techniques [C]. Williamsburg: The 11th International Conference on Numerical Methods in Fluid Dynamics, 1988.

[31] 周禹, 闫超. Roe 格式中不同类型熵修正性能分析 [J]. 北京航空航天大学学报, 2009, 35(3): 356 - 360.

[32] NASA Langley Research Center. Turbulence modeling resource _ the spalart-allmaras turbulence model [DB/CD]. https://turbmodels.larc.nasa.gov/spalart.html [2021 - 10 - 16].

[33] ODEN J T, BELYTSCHKO T, FISH J, et al. Simulation-based engineering science: Revolutionizing engineering science through simulation [R]. Washington: NSF Engineering Advisory Committee, 2006.

[34] KEYES D, COLELLA P, DUNNING Jr T, et al. A science-based case for large-scale simulation [R]. Washington: Office of Science U.S. Deparatment of Energy, 2003.

[35] GORRELL S E, TSUNG F L, YAO J, et al. Computational science and engineering advances understanding of complex unsteady flows in high performance fans and compressors [C]. Denver: 2006 HPCMP Users Group Conference, 2006.

[36] MAVRIPLIS D J, DARMOFAL D, KEYES D, et al. Petaflops opportunities for the NASA fundamental aeronautics program [C]. Miami: The 18th AIAA Computational Fluid Dynamics Conference, 2007.

[37] FLYNN M J. Very high-speed computing systems [J]. Proceedings of the IEEE, 1966, 54(12): 1901 - 1909.

［38］　LIAO X K, XIAO L Q, YANG C Q, et al. Milkyway－2 supercomputer: system and application［J］. Frontiers of Computer Science, 2014, 8(3): 345－356.

［39］　YANG X J, LIAO X K, LU K, et al. The TianHe－1A supercomputer: its hardware and software［J］. Journal of Computer Science and Technology, 2011, 26(3): 344－351.

［40］　DECKER K M, REHMANN R M. Programming environments for massively parallel distributed systems［M］. Basel: Birkhäuser Basel, 1994.

［41］　赵磊.并行计算流体力学方法及其在叶轮机械内流数值模拟中的应用研究［D］.西安:西安交通大学,2015.

［42］　李瑞宇.高负荷压气机角区分离的高保真数值与实验研究［D］.西安:西北工业大学,2020.

第4章
压气机高保真流场海量数据分析方法

4.1 引　　言

　　DES 类数值方法模拟得到的高保真流场具有高时空分辨率的特点。在空间上大量的网格节点数据可以得到精细化的流场信息;在时间层面,细密的不同时刻的非定常物理场可以捕捉到相对较宽频率带的脉动。由于压气机流场本身具有时空多尺度、高度非线性耦合的特征,面对复杂的海量非定常流场信息,如何提取流场的主要频率特征、如何辨别流场的主要涡系结构、如何在众多湍流结构中辨析出因果关系,以及如何解析多种涡系结构相互诱导、耦合、干涉的演化过程,都是研究中的棘手问题。本章介绍包含非定常流场频域分析、涡识别方法以及本征正交分解(POD)和动力学模态分解(dynamic mode decomposition, DMD)等非定常流场海量数据的分析方法,这些方法相互配合、综合使用将有助于提升对海量数据利用的有效性。

4.2　非定常流场的频域分析方法

4.2.1　频谱分析

　　通过压气机非定常流动的频谱分析,可以获得流动参数的振幅、频率、相位等信息,得到某处非定常流动的主导频率,这些将有助于确立性能的关键影响因素,实现对非定常流动的更好利用。采集得到的信号以时间作为独立变量,称为信号的时域描述。但有时用时域来揭示信号的频域结构和各频率成分幅值的大小就很困难。所以在动态测试中,有时需要采用信号的频域描述方法,即用频率作为独立变量来揭示信号各频率成分的幅值、相位与频率之间的对应关系。信号的三种变量域描述方法相互之间可通过一定数量的数学运算进行转换,所描述的均是同一被测信号。动态数据的频谱图可以通过快速傅里叶变换求得。傅里叶变换的实质是将时域函数变为频域的函数,它可以把时域的一个复杂波形分解成许多频率的正弦波之和。在数学上,这种关系可以表述为[1]

$$G(f) = \int_{-\infty}^{0} g(t) e^{-j2\pi ft} \qquad (4-1)$$

式中,$g(t)$ 为被分解为正弦函数之和的动态信号波形;$G(f)$ 为 $g(t)$ 的傅里叶变换;$j = \sqrt{-1}$。傅里叶变换的离散形式(简称 DFT)为

$$Y = \frac{1}{N} \sum_{k=0}^{n-1} g_k \exp(-j2\pi nk/N) \qquad (4-2)$$

式中,$g_k = g(k\tau)$;$k = 0, 1, 2, \cdots, N-1$。

快速傅里叶变换是计算离散傅里叶变换的一种快速算法,它把整个数据序列 $\{g_k\}$ 分隔成若干较短序列进行离散傅里叶变换计算。只要算出较短序列的离散傅里叶变换,然后把它们合并起来,得到整个序列 $\{g_k\}$ 的离散傅里叶变换。通过快速傅里叶变换,就可以得到动态压力的频谱图。

下面以一个压气机转子算例中出口流量随时间的脉动数据为例来展示频谱分析方法在压气机流场认识中的应用。图 4-1 为数值模拟过程中监测到的不同工况下出口流量收敛史,数值模拟每一迭代步的物理时间步长,因此图 4-1 也可以认为是出口流量脉动的时域图。图 4-1(a)~(d)是从设计工况逐渐减小流量并逼近失速的四个典型工况。图 4-2 为以上四个工况下出口流量脉动的频域结果。可以看出设计工况下流量波动的频谱中只存在 2BPF,这是脉动流场的主频,表征两排转子之间相互干涉的频率,此处不做分析;当流量逐渐减小时,在小流量工况 A 和 B 的频谱中出现了 0.64BPF[图 4-2(b)和(c)],达到近失速后,该特有频率突然增加变成了 1.5BPF[图 4-2(d)],由于这种变化在靠近失速工况下发生,因此可以用来作为失速预警信号。流场中特征频率的变化意味着流场结构的变化,因此通过频谱分析可以帮助判断流场结构发生变化的工况;进一步分析中,通过在流场不同位置设置数值监测点,通过脉动幅值的大小可以辅助探寻流场特征频率对应的脉动源头。

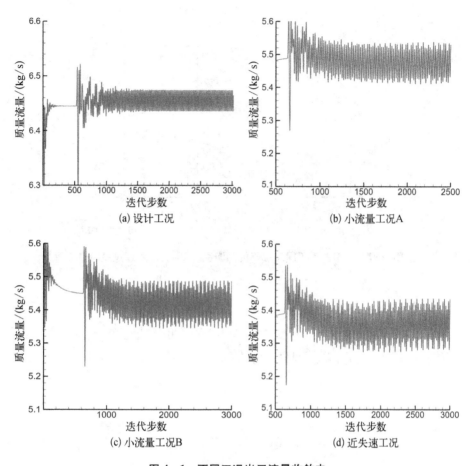

图 4-1　不同工况出口流量收敛史

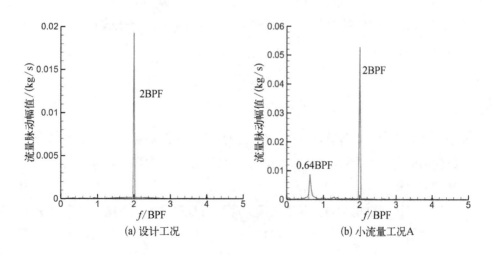

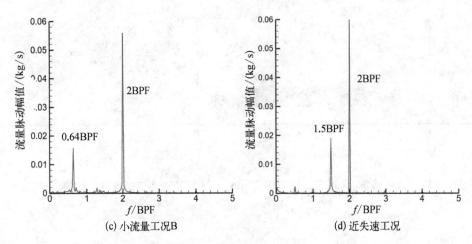

图 4-2　出口流量不同工况下的频谱图(**BPF** 为叶片通过频率)[2]

4.2.2　失速团特性判断

压气机运行过程中,转子通过频率(RPF)及叶片通过频率(BPF)是流场的重要频率特性,其计算分别表示为式(4-3)与式(4-4),其中 n 为转速,N 为转子叶片数。

$$RPF = n/60 \tag{4-3}$$

$$BPF = n \cdot N/60 \tag{4-4}$$

随着压气机逐渐逼近非稳定工作边界,叶顶前缘点将会出现沿周向传播的低压区,称为旋转失速团。对于失速团特性的描述,主要采用失速团个数 N_0 及其沿周向传播速度 ω_1 等参数来衡量,其计算表达式如式(4-5)所示:

$$N_0 = T_{cr}/T_{osc}$$
$$\omega_1 = N_1 \cdot \omega_2/N_2 \tag{4-5}$$

式中,T_{cr} 为周向所有传感器对压力信号测得的失速团旋转周期;T_{osc} 为单个传感器测得的失速团旋转周期;ω_2 为转子旋转速度。失速团完成 N_1 个旋转周期时转子正好转过 N_2 个旋转周期。

以一组压气机机匣内壁面靠近叶尖前缘的非定常压力数据为例来介绍失速团特性的分析方法。分析的数据来源于一台低速轴流压气机的非定常实验数据[3],在图 4 - 3 中 P2 - 1～P2 - 7 的位置处布置 7 个动态压力传感器,传感器轴向位置位于叶片前缘,同步采集不同工况下非定常脉动压力。工况选择两个大流量工况和两个小流量工况,工况编号如图 4 - 4 所示,对编号为 2、9 和 13、14 的工况进行测量。

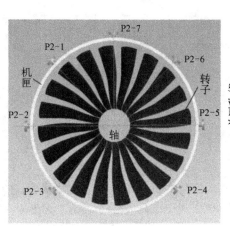

图 4 - 3　叶片前缘静压采集位置
（P2 - 1～P2 - 7）[3]

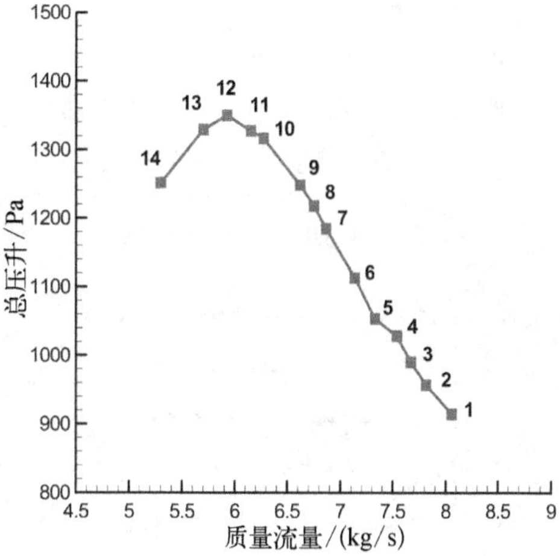

图 4 - 4　压气机 2 500 r/min 压
升特性曲线[3]

图 4 - 5 给出了周向 P2 - 1～P2 - 7 传感器相同时刻下动态压力信号。对应大流量的 CON - 2 及 CON - 9 工况点,信号较为平整,且无明显"毛刺"出现;减小出口流通面积,负荷增加,压气机工作在 CON - 13 近失速工况点,各个传感器压力数据幅值明显升高,且在原来平整曲线基础上衍生出很多不规整的"毛刺",而"毛刺"的出现代表前缘点处间隙流的非定常脉动增加,压气机逐渐向不稳定工作状态靠近;当压气机工作在失速点 CON - 14 时,此时沿周向已经形成稳定传播的失速团,表现在动态测量信号中就是压力的特征波动由 P2 - 1 向 P2 - 7 出现周期性波动。

由于失速总是伴随着压力的减少,因此将把压气机在失速压力场中压力值很低部分的区域称为旋转失速[4-6]。压气机进入失速工况后,恰好形成 1 个失速团。从 P2 - 1 到 P2 - 7 失速团转过了 N_1 = 7/8 个周期,根据图中 P2 - 1～P2 - 7 不规则"毛刺"对应的横坐标可以看出此时转子转了约 N_2 = 1.88 个周期,因此依据式（4 - 5）失速团沿周向的传播速度为 46.5%转子转速。

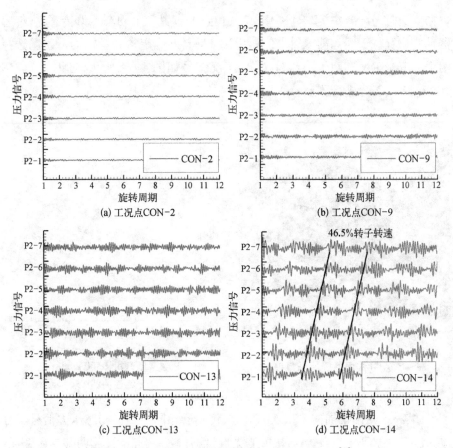

(a) 工况点CON-2   (b) 工况点CON-9

(c) 工况点CON-13   (d) 工况点CON-14

图 4-5   不同工况点滤波后各传感器时域信号[3]

4.2.3   相关性系数及概率统计

在压气机非定常流场分析中,流场周期性变化是重要的参考标准,而周期性的变化可以由信号间的相似程度来表征。在信号分析中,通常采用相关性分析的方法来判断信号的相似程度,其表示了同一信号或不同信号间,在不同时刻下的线性关系。相关性分析的算法比快速傅里叶变换要简单许多,较容易实现在线快速计算。因此,该方法经常用于航空发动机试车时的失速判断,其计算公式为

$$R(t) = \frac{\sum\limits_{i=t-\mathrm{wnd}}^{i} \left[\bar{p}(n, i) \cdot \bar{p}(n, i - \mathrm{shaft}) \right]}{\sqrt{\sum\limits_{i=t-\mathrm{wnd}}^{i} \bar{p}(n, i)^2 \cdot \sum\limits_{i=t-\mathrm{wnd}}^{i} \bar{p}(n, i - \mathrm{shaft})^2}} \tag{4-6}$$

相关性计算原则是:分别截取前后两个周期对应周期时间点上的压力信号 $\overline{p}(n, i)$、$\overline{p}(n, i - \text{shaft})$(shaft 表示一转内对应点数),取一个计算窗(wnd)内各数据点计算相关性系数 R。R 范围为 $-1 \sim 1$,R 越接近 1,表明信号相关性越好,即信号周期性越好;而当压气机逼近非稳定边界时,叶顶间隙流周期性遭到破坏,R 逐渐降低。

对于相同位置不同时刻间信号相关性的检测,通常采用自相关分析,表示同一位置处不同工况下间隙流的相关程度;对于不同位置间信号相关性的检测,通常采用互相关分析,表示相同工况下不同位置处间隙流的相关程度。

在相关性系数 R 的分析中发现,虽然 R 随流量变化将会表现出相应的变化趋势,但是由于信号采集的随机性及噪声的污染,R 会出现随机跳动的现象,难以准确确定 R 的数值大小。因此,这里引入概率统计分布函数的概念,对相关性系数进行统计分析。其中,F 为概率分布值,x 为概率计算阈值。

$$F(R) = f(R < x) \tag{4-7}$$

概率分布函数所表述的意义是:横坐标表示相关性系数 R 值,纵坐标为小于某一相关性系数数值下所含数据占总数据的概率值。曲线整体若更加靠近右侧,则相关性系数更加接近 1,流场周期性更加完整。

同样以图 4-3 中压气机转子实验测量结果为例,图 4-6 中为四个特征工况点下 7 个周向位置处自相关系数概率分布。7 个周向测量位置如图 4-3 中的 P2-1~P2-7 所示。四个特征工况为图 4-4 中的压气机进入失速工况之前(CON-2、CON-9)和近失速工况(CON-13 和 CON-14)。

气机进入失速工况之前(CON-2、CON-9),位于 P2-3、P2-4 及 P2-6 位置处所测得的压力数据,数值较小自相关系数出现概率明显大于其余位置处。如在 CON-2 工况[图 4-6(a)],上述三位置处自相关系数小于 0.85 的出现概率分别为 50%、70% 与 70%,而其余位置处,这一数值均小于 10%。当压气机工作在 CON-14 失速工况下[图 4-6(d)]时,各位置概率分布曲线相互重合,自相关系数分布概率规律相同,即虽然各位置处自相关系数随时间变化规律不同,但是其出现的概率相等,表明失速条件下,周向各位置流场非定常强度的一致性。

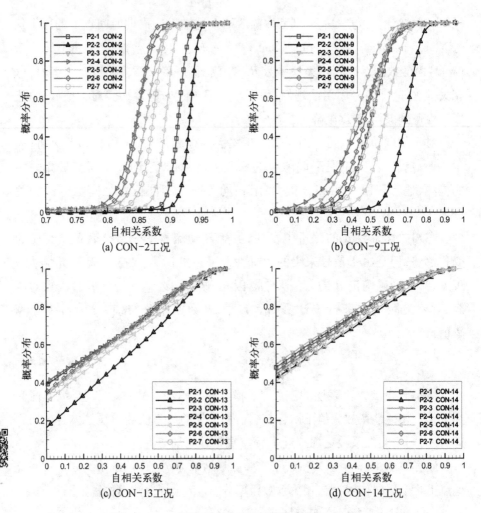

图 4-6　特征工况点下自相关系数概率分布

4.3　复杂流场的涡识别方法

旋涡流动是流场的"肌肉",涡结构的空间分布构成了流场框架,因此对于压气机内流场旋涡结构的捕捉和识别是研究流动机理的基础。然而,旋涡判别本身是一件困难的事情,从物理概念上讲,涡代表流体的旋转运动,也就是说,有流体转动的地方就有涡,反过来,有涡就有流体转动。但目前为止,学术界仍没有给出旋涡严格的数学定义。1858 年,Helmholtz[7]提出了涡丝、涡量线和涡量管的概念,采用涡量来表示涡丝。但科学研究表明,涡量和涡是两个截然不同的概念,例如,在层流剪切层内的涡量很高,但并非因为流动旋转引起。1991 年,Robinson[8] 发现高涡量区域和实际流体旋转的关联非常低,Wang 等[9] 的 DNS 数值模拟也同样证实涡量与涡的大小和方向大相径庭。为了解决这一问题,随后研究人员发展了以 Q 判据、λ_2 判据等为代表的以特征值为基础的涡识别方法,根据刘超群的划分称为第二代涡识别方法[10],以及以 Liutex 为代表的第三代涡识别方法[11],本节将对主要采用的一些方法进行介绍并给出压气机内应用实例。

　　涡的存在必然会导致速度的变化。根据 Cauchy-Stokes 分解,可以将速度梯度 $\nabla \cdot \boldsymbol{W}$ 分解为对称部分 $\boldsymbol{A}$ 和反对称部分 $\boldsymbol{B}$,即

$$\nabla \cdot \boldsymbol{W} = \boldsymbol{A} + \boldsymbol{B} = \frac{1}{2}[\nabla \cdot \boldsymbol{W} + (\nabla \cdot \boldsymbol{W})^{\mathrm{T}}] + \frac{1}{2}[\nabla \cdot \boldsymbol{W} - (\nabla \cdot \boldsymbol{W})^{\mathrm{T}}]$$

$$(4-8)$$

　　在直角坐标系下,对称部分 $\boldsymbol{A}$ 可以表示为式(4-9),代表流体的拉伸、压缩和对称变形。反对称部分 $\boldsymbol{B}$ 表示为式(4-10),根据涡量的定义 $\psi = \nabla \times \boldsymbol{W}$,代表刚体旋转。

$$\boldsymbol{A} = \begin{bmatrix} \dfrac{\partial w_x}{\partial x} & 0 & 0 \\ 0 & \dfrac{\partial w_y}{\partial y} & 0 \\ 0 & 0 & \dfrac{\partial w_z}{\partial z} \end{bmatrix} + \begin{bmatrix} 0 & \dfrac{1}{2}\left(\dfrac{\partial w_x}{\partial y} + \dfrac{\partial w_y}{\partial x}\right) & \dfrac{1}{2}\left(\dfrac{\partial w_x}{\partial z} + \dfrac{\partial w_z}{\partial x}\right) \\ \dfrac{1}{2}\left(\dfrac{\partial w_x}{\partial y} + \dfrac{\partial w_y}{\partial x}\right) & 0 & \dfrac{1}{2}\left(\dfrac{\partial w_y}{\partial z} + \dfrac{\partial w_z}{\partial y}\right) \\ \dfrac{1}{2}\left(\dfrac{\partial w_x}{\partial z} + \dfrac{\partial w_z}{\partial x}\right) & \dfrac{1}{2}\left(\dfrac{\partial w_y}{\partial z} + \dfrac{\partial w_z}{\partial y}\right) & 0 \end{bmatrix}$$

$$(4-9)$$

$$\boldsymbol{B} = \begin{bmatrix} 0 & \dfrac{1}{2}\left(\dfrac{\partial w_x}{\partial y} - \dfrac{\partial w_y}{\partial x}\right) & \dfrac{1}{2}\left(\dfrac{\partial w_x}{\partial z} - \dfrac{\partial w_z}{\partial x}\right) \\ \dfrac{1}{2}\left(\dfrac{\partial w_y}{\partial x} - \dfrac{\partial w_x}{\partial y}\right) & 0 & \dfrac{1}{2}\left(\dfrac{\partial w_y}{\partial z} - \dfrac{\partial w_z}{\partial y}\right) \\ \dfrac{1}{2}\left(\dfrac{\partial w_z}{\partial x} - \dfrac{\partial w_x}{\partial z}\right) & \dfrac{1}{2}\left(\dfrac{\partial w_z}{\partial y} - \dfrac{\partial w_y}{\partial z}\right) & 0 \end{bmatrix} \quad (4-10)$$

4.3.1 Q 判据

Q 判据由 Hunt[12] 提出,该方法已经在流场旋涡识别中得到广泛的应用[13,14]。Q 判据的物理意义在于涡结构中不仅要求存在涡量(即反对称张量 $\boldsymbol{B}$),同时要求反对称张量 $\boldsymbol{B}$ 要能克服对称张量 $\boldsymbol{A}$ 所代表的抵消效果,数学表达式为

$$Q = \frac{1}{2}(\parallel \boldsymbol{B} \parallel_F^2 - \parallel \boldsymbol{A} \parallel_F^2) \qquad (4-11)$$

式中, $\parallel \cdot \parallel_F^2$ 为矩阵的 Frobenius 范数。直角坐标系下表达式为

$$Q = -\frac{1}{2}\left[\left(\frac{\partial w_x}{\partial x}\right)^2 + \left(\frac{\partial w_y}{\partial y}\right)^2 + \left(\frac{\partial w_z}{\partial z}\right)^2\right] - \frac{\partial w_x}{\partial y}\frac{\partial w_y}{\partial x} - \frac{\partial w_x}{\partial z}\frac{\partial w_z}{\partial x} - \frac{\partial w_y}{\partial z}\frac{\partial w_z}{\partial y} \quad (4-12)$$

Q 准则反映了流场中一个流体微团旋转和变形之间的平衡关系。$Q>0$ 代表旋转在流动中占据主要地位,即有旋涡的存在。流场分析中根据 Q 判据进行旋涡识别。一方面,Q 值的大小反映了旋涡强度,Q 值极大值点代表了涡核所在位置;另一方面,通过绘制 Q 等值面,根据等值面包裹区域的空间大小、延伸方向等判断旋涡的空间尺度和形状等特征。

下面以一个压气机实例阐述其应用。图 4-7 为一个带叶顶间隙压气机叶栅在马赫数 0.3、来流攻角 0°的工况下靠近叶顶端区的流场,通过上述 Q 判据,给出静压值着色的 Q 等值面图,以此帮助辨识流场中的涡结构。由图 4-7 可以看到,流场中包含典型的"三涡结构",即叶片压力面边缘的叶尖分离涡、叶片吸力面边缘的叶尖二次涡以及吸力面一侧的泄漏涡。在叶片 40%弦长处截取 S3 流面上的 Q 云图,如图 4-8 所示,可以清晰地分辨出叶顶间隙区域涡

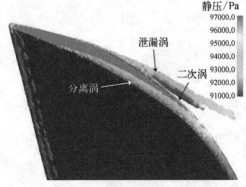
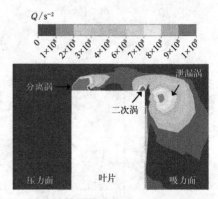

图 4-7　叶顶间隙流场 Q 等值面图($Q=2\times10^8$)　　图 4-8　40%弦长截面 Q 值云图

结构的尺度大小及位置关系。叶尖泄漏涡位于叶片吸力面一侧,尺度最大,但旋涡强度与分离涡相比较小;叶尖分离涡位于叶片压力面边缘,且在叶片厚度方向被拉长,分离涡的空间尺度与泄漏涡相比较小,但其旋涡强度最大;叶尖二次涡位于叶片吸力面边缘,其尺度和旋涡强度均为三者最小。

4.3.2　λ_2 判据

λ_2 判据由 Jeong 和 Hussain[15] 提出,在忽略不可压纳维-斯托克斯方程中的非定常和黏性的条件下,通过推导可以得

$$A^2 + B^2 = -\nabla \cdot (\nabla p)/\rho \qquad (4-13)$$

当对称张量 $A^2 + B^2$ 存在两个负的特征值时,压强在由这两个负特征值对应特征向量组成的平面内为极小值。当特征值按照 $\lambda_1 > \lambda_2 > \lambda_3$ 排列时,当存在两个负特征值时则有 $\lambda_2 < 0$,因此该方法称为 λ_2 判据。

在 λ_2 判据方法中,将涡定义为 $\lambda_2 < 0$ 的区域,但该方法假定流体不可压,又忽略了非定常项和黏性项,因此当流场中存在较强的非定常和黏性效应时,很难准确找到涡结构。根据使用经验,在流场为亚声速情况下,Q 判据与 λ_2 判据的结果基本相同。图 4-9 为叶片角区流场中基于 λ_2 判据显示的角区分离涡系结构。λ_2 判据同样以等值面显示涡结构,需要给定一个阈值,图中为三个阈值的结果。

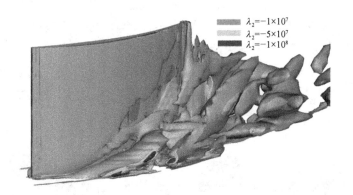

$\lambda_2 = -1 \times 10^7$
$\lambda_2 = -5 \times 10^7$
$\lambda_2 = -1 \times 10^8$

图 4-9　叶片角区流场 λ_2 判据显示的涡结构

通过上面的例子可以看出,以 Q 判据和 λ_2 判据为代表的第二代涡识别方法是标量并通过等值面显示涡,该方法依赖于阈值的选定,阈值大小选择的差

异极有可能导致显示出不同的涡结构。另外,采用 DES 类数值方法对流场解析的精细程度相较于 URANS 提高很多,流场中弱涡和强涡并存,但阈值选定太大无法显示出弱涡,而阈值选定太小,又会使全场涡结构变得模糊。

4.3.3　Liutex 涡识别方法

Liutex 第三代涡识别方法是由美国得克萨斯大学刘超群团队提出的[11],目的在于解决第二代涡识别方法对阈值的依赖以及无法代表涡方向的问题,主旨思想是采用物理量 Liutex 代表涡,这是一个矢量,其方向为涡的旋转轴,大小为涡强度,即用旋转轴和强度来描述当地流体旋转。

分析速度梯度张量 $\nabla \cdot W$,其特征方程 $|\nabla \cdot W - \lambda I| = 0$ 有三个特征值,由于特征值方程是三次多项式,只有两个可能,一个是三个实特征值 λ_1、λ_2、λ_3,或者是一个实特征值、两个共轭复特征值,表示为 λ_r 和 $\lambda_{cr} + i\lambda_{cr}$、$\lambda_{cr} - i\lambda_{cr}$。按照刘超群[10]的定理,当特征值为一个实特征值、两个共轭复特征值时才代表流体转动,因此仅对这一种情况进行研究。

Liutex 矢量的显式公式为 $R = Rr$,其中 R 为当地涡旋转角速度大小的 2 倍,定义为式(4-14),表示涡的大小。r 是 $\nabla \cdot W$ 的实特征向量,即 $(\nabla \cdot W) \cdot r = \lambda_r r$,表示当地涡旋转的方向。

$$R = (\boldsymbol{\omega} \cdot \boldsymbol{r}) - \sqrt{(\boldsymbol{\omega} \cdot \boldsymbol{r})^2 - 4\lambda_{ci}^2} \qquad (4-14)$$

和 Q 判据、λ_2 判据一样,Liutex 的大小 R 也是一个标量,可以用等值面来表示涡结构,但与第二代涡识别方法不同的是 R 代表刚性旋转,不会被拉压和剪切所污染,R 本身就是一个物理量,是当地流体旋转角速度的 2 倍。通过 Liutex 方法,可以将强涡、弱涡都同时显示,同时还可以获得矢量信息。图 4-10 和图 4-11 对

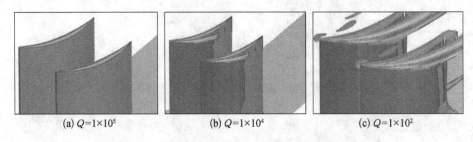

(a) $Q=1\times10^5$　　　　(b) $Q=1\times10^4$　　　　(c) $Q=1\times10^2$

图 4-10　基于 Q 判据的压气机叶顶间隙涡结构识别

比了相同数值结果分别采用 Q 判据和 Liutex 方法对涡的识别能力,从图 4 - 10 中可以看出,当 Q 判据的等值面取值太大时,很多涡结构都无法显示[图 4 - 10(a)],不断减小 Q 的取值,如图 4 - 10(c)所示,等值面一大片,难以分辨。而在 Liutex 中则可以在一个等值面中清晰地把比较强的叶尖泄漏涡和相对较弱的诱导涡、二次涡等涡结构显示出来,有助于对涡系间相互干涉的机理进行分析。

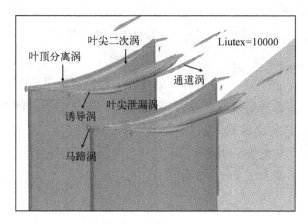

图 4 - 11　基于 Liutex 的压气机叶顶间隙涡结构识别(Liutex = 1×10^4)

4.4　高耦合流场的时空解耦方法

基于数据挖掘思路,本节将本征正交分解(POD)和动力学模态分解(DMD)两种先进的数据挖掘技术应用于压气机高保真的流场信息处理,通过对时空高保真流场信息的时空解耦,实现对复杂湍流结构相互干扰、诱导和演化过程的解析。下面将介绍这两种方法的构造思路以及优势。

4.4.1　快照 POD 方法及其在流场分析中的应用

POD 是一种源于矢量数据统计分析的方法。自 1967 年 Lumley[16] 将该方法引入湍流研究领域后,POD 已经在流体力学的数据处理分析中扮演着重要角色,是解析湍流结构、分析流场内在机理的重要手段之一。当应用于流场分析时,POD 方法可以将整个流场脉动按照能量大小进行排序,即可分辨出对非定常脉动能量贡献最大的湍流结构以及流场的时空特征。但随着对流场实验或数值模拟空间分辨率的提升,流场信息量大幅增加,巨大的矩阵维度使得 Lumley 提出的 POD 方法(又称直接 POD 方法)难以求解。为此,Sirovich[17]借助数据的时间维度远小于空间维度的特点,利用时空转换的方法,解决了高维数据降维处理,从而极大地降低了计算成本,称为快照 POD 方法,很大程度上推动了复杂流场中湍流相干结构的研究。参考 Chen 等[18]的工作,本节将对快照 POD 方法进行介绍,重点介绍其思路、构造过程以及物理含义。

POD 方法的实质是实现对给定的一组高维数据的最优低维逼近,思路是将原流场分解为一个只与时间相关的函数和一个只与空间相关的标准基函数的代数和。实现的关键是从已知的实验或数值模拟数据中得到一系列标准基函数(这些基函数常被称为"模态"),并保证这些基函数在最小二乘意义下是最优的正交基函数;换言之,针对 N 个时刻(快照),每个时刻 K 个数据点(即空间网格点数)的标量数据组成的矩阵 $\boldsymbol{G}_N^K = \{g_1, g_2, \cdots, g_n, \cdots, g_N\}$,其中 g_n 表示第 n 个时刻流场,如图 4-12 所示,寻找一组基函数 $\boldsymbol{\Psi}_N^K = \{\psi_1, \psi_2, \cdots, \psi_N\}^T$:

$$\max\left\{\frac{1}{N}\sum_{i=1}^{N}|(g_i, \psi_i^T)|^2\right\} \text{且}((\boldsymbol{\Psi}_N^K)^T, \boldsymbol{\Psi}_N^K) = \boldsymbol{I}_N^N \qquad (4-15)$$

式中,$|\cdot|$ 表示模;$(\cdot, \cdot)$ 表示内积;$\boldsymbol{I}$ 表示单位矩阵。

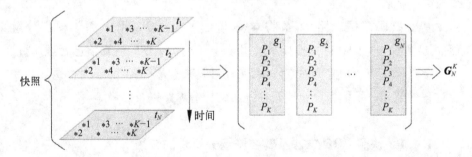

图 4-12　POD 方法数据输入示意图(N 为快照个数,K 为所研究区域的网格点个数)

该如何构造标准正交基函数 $\boldsymbol{\Psi}_N^K$ 呢? 考虑到所要研究的是流场的脉动量,因此考虑物理量非定常脉动数据矩阵 $\boldsymbol{G}_N'^K = \{g_1', g_2', \cdots, g_n', \cdots, g_N'\}$,该矩阵是原流场 $\boldsymbol{G}_N^K$ 与时均值的差值,n 时刻的脉动流场:

$$g'_n = g_n - \frac{1}{N}\sum_{i=1}^{N} g_i, \quad n \in [1, N] \tag{4-16}$$

则 N 个时刻下的脉动流场以矩阵形式可表示为式(4-17)，第 n 列表示第 n 时刻的脉动流场。

$$\boldsymbol{G}_N'^K = [\,g'_1 \quad g'_2 \quad \cdots \quad g'_N\,] \tag{4-17}$$

POD 分析时关心的是空间离散点个数、快照数以及对应的物理量大小，并不区分空间位置，因此在分析时将某一时刻的三维空间数据按计算坐标顺序有序排列成如图 4-12 所示的一维数据。

构造如式(4-18)所示的相关矩阵 $\boldsymbol{C}_N^N$，以表示任意两个时刻流场的时间相关性：

$$\boldsymbol{C}_N^N = \frac{1}{N}(\boldsymbol{G}_N'^K)^{\mathrm{T}} \cdot \boldsymbol{G}_N'^K \tag{4-18}$$

$$\boldsymbol{C}_N^N \boldsymbol{A}_N^N = \begin{bmatrix} \lambda_1 & 0 & \cdots & 0 \\ 0 & \lambda_2 & \cdots & 0 \\ \vdots & \vdots & & \vdots \\ 0 & 0 & \cdots & \lambda_N \end{bmatrix} \boldsymbol{A}_N^N \tag{4-19}$$

求解时间相关矩阵的非负特征值 λ_i 及特征矢量矩阵 $\boldsymbol{A}_N^N$，并将特征值和特征矢量按照特征值降序排列，即 $\lambda_1 \geq \lambda_2 \geq \cdots \geq \lambda_N$。该特征值表征不同模态的脉动能量，则脉动流场的总脉动能量可表示为式(4-20)，第 i 个模态占总能量的比例即 $\lambda_i/E_{\mathrm{all}}$。

$$E_{\mathrm{all}} = \sum_{i=1}^{N} \lambda_i \tag{4-20}$$

构造特征函数见式(4-21)，由此得到正交基函数 $\boldsymbol{\Psi}_N'^K = \{\psi'_1, \psi'_2, \cdots, \psi'_N\}$，此时并不满足 $(\boldsymbol{\Psi}_K^N, (\boldsymbol{\Psi}_K^N)^{\mathrm{T}}) = \boldsymbol{I}_K^K$ 的条件，需要每个向量除以对应的 $\sqrt{\lambda_i}(i=1, 2, \cdots, N)$ 便可得到标准正交基函数(模态)，即如式(4-22)中表述，每一列表示一个模态。

$$\boldsymbol{\Psi}_N'^K = \boldsymbol{G}_N'^K \cdot \boldsymbol{A}_N^N \tag{4-21}$$

$$\boldsymbol{\Psi}_N^K = \left\{ \frac{\psi_1'}{\sqrt{\lambda_1}}, \frac{\psi_2'}{\sqrt{\lambda_2}}, \cdots, \frac{\psi_N'}{\sqrt{\lambda_N}} \right\} \tag{4-22}$$

由此一来,原脉动流场可以表示为 $\boldsymbol{G}_N'^K = (\boldsymbol{B}_N^N \cdot (\boldsymbol{\Psi}_N^K)^{\mathrm{T}})^{\mathrm{T}}$,其中 $\boldsymbol{B}_N^N$ 为只与时间相关的函数,称为时间系数,构造形式为 $\boldsymbol{B}_N^N = (\boldsymbol{G}_N'^K)^{\mathrm{T}} \cdot \boldsymbol{\Psi}_N^K$,该时间系数矩阵有明确的物理意义,即每一列表示每个模态的非定常脉动规律,可用于求解对应模态下的脉动频率成分;每一行表示该时刻流场中每个模态的贡献。

4.4.2　DMD 方法及其在流场分析中的应用

DMD 是一种提取嵌入在流中的时空特征的新颖方法。它是由 Schmid 和 Sesterhenn[19] 于 2008 年在一次学术会议上首次提出的,并很快在流体力学的数据分析中得到应用[20-22]。DMD 方法可将流场按照频率分为多个模态,即每个模态描述单一频率的流动结构,同时可以描述每个模态的稳定性,由此可以挖掘诱发整个流场失稳的流动结构。本节介绍 DMD 方法,重点在于描述该方法的思路、使用方法以及流场分析中所用到的频率、增长率以及单个流场重构的方法。

对于给定的一个时间序列数据,DMD 将计算一组模态,每个模态都有固定的频率和增长率两个特性,每个模态可以重构出单一脉动频率的流场;增长率用于表示非定常脉动幅值的增长和衰减,可用来表征该模态的稳定与否。

DMD 的输入数据为一组 N 个时刻的快照 $g_1, g_2, \cdots, g_n, \cdots, g_{N-1}, g_N$ 相邻两个快照之间的时间间隔相同,如图 4-13 所示,每个快照包含 K 个网格点的物理场数据(如压力、速度分量等)。以 $1 \sim N-1$ 时刻的流场构造矩阵 $\boldsymbol{G}_{1N-1}^K$,以 $2 \sim N$ 时刻的流场构造 $\boldsymbol{G}_{2N-1}^K$:

$$\begin{aligned} \boldsymbol{G}_{1N-1}^K &= \{g_1, g_2, \cdots, g_n, \cdots, g_{N-1}\} \\ \boldsymbol{G}_{2N-1}^K &= \{g_2, g_3, \cdots, g_n, \cdots, g_N\} \end{aligned} \tag{4-23}$$

DMD 方法的思想是假设某一时刻的快照由前面时刻快照的线性近似得到,该变换是与时间无关的。当将 DMD 应用于由非线性非稳态流场生成的数据时,假定存在一个算子 A,满足:

$$g_{n+1} = Ag_n, \quad n = [1, 2, \cdots, N-1] \tag{4-24}$$

A 通常又称为传递函数,将流场 g_i 与 g_{i+1} 流场关联起来。那么矩阵 $\boldsymbol{G}_{1N-1}^K$

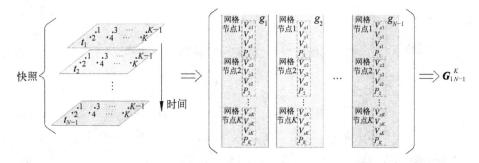

图 4 - 13　DMD 方法数据输入示意图(N 为快照个数，k 为所研究区域的网格点个数)

和 $\boldsymbol{G}_{2N-1}^{K}$ 的关系可以表示为

$$\boldsymbol{G}_{1N-1}^{K} = \boldsymbol{A}_{K}^{K} \cdot \boldsymbol{G}_{2N-1}^{K} \tag{4-25}$$

对 $\boldsymbol{G}_{1N-1}^{K}$ 矩阵进行奇异值分解(singular value decomposition，SVD)，得

$$\boldsymbol{G}_{1N-1}^{K} = \boldsymbol{U}_{r}^{K} \cdot \boldsymbol{\Sigma}_{r}^{r} \cdot (\boldsymbol{V}_{r}^{N-1})^{\mathrm{T}} \tag{4-26}$$

式中，r 是矩阵 $\boldsymbol{G}_{1N-1}^{K}$ 的秩。DMD 算法实质是寻找低维矩阵 $\tilde{\boldsymbol{A}}_{r}^{r}$ 来代替式(4-25)中的高维矩阵 $\boldsymbol{A}_{K}^{K}$，即有

$$\boldsymbol{A}_{K}^{K} = \boldsymbol{U}_{r}^{K} \cdot \tilde{\boldsymbol{A}}_{r}^{r} \cdot (\boldsymbol{U}_{r}^{K})^{\mathrm{T}} \tag{4-27}$$

根据 SVD 分解的性质，满足 $(\boldsymbol{U}_{r}^{K})^{\mathrm{T}} \cdot \boldsymbol{U}_{r}^{K} = \boldsymbol{I}_{r}$，其中 $\boldsymbol{I}_{r}$ 为单位矩阵。由此，$\tilde{\boldsymbol{A}}_{r}^{r}$ 矩阵的计算可以看成格式求解最小值问题：

$$\underset{A}{\mathrm{minmize}} \parallel \boldsymbol{G}_{2N-1}^{K} - \boldsymbol{U}_{r}^{K} \cdot \tilde{\boldsymbol{A}}_{r}^{r} \cdot \boldsymbol{\Sigma}_{r}^{r} \cdot (\boldsymbol{V}_{r}^{N-1})^{\mathrm{T}} \parallel_{F}^{2} \tag{4-28}$$

式中，$\parallel \cdot \parallel_{F}$ 为 F 范数(Forbenius norm)，因此

$$\boldsymbol{A} \approx \tilde{\boldsymbol{A}} = (\boldsymbol{U}_{r}^{K})^{\mathrm{T}} \cdot \boldsymbol{G}_{2N-1}^{K} \cdot \boldsymbol{V}_{r}^{N-1} \cdot (\boldsymbol{\Sigma}_{r}^{r})^{-1} \tag{4-29}$$

矩阵 $\tilde{\boldsymbol{A}}_{r}^{r}$ 的特征值是矩阵 $\boldsymbol{A}_{K}^{K}$ 特征值的一部分，也就是 Ritz 特征值。

通过矩阵 $\tilde{\boldsymbol{A}}_{r}^{r}$ 的特征值可以获得模态的频率和增长率，例如，对于 i 阶 Ritz 特征值 λ_{i}，其频率 f_{i} 和增长率 s_{i} 分别如式(4-30)和式(4-31)所示。增长率 s_{i} 可用于判断 i 阶模态的稳定性，增长率为正时，表征模态的非定常脉动幅值不断增加，模态不稳定；而当增长率为零或小于零时，模态保持周期性流动或幅值逐渐减小，模态稳定。

$$f_{i} = \mathrm{Im}(\lg \lambda_{i}) / \Delta t \tag{4-30}$$

$$s_i = \mathrm{Re}(\lg \lambda_i)/\Delta t \qquad (4-31)$$

包含某一频率的 i 阶模态可以通过 $\tilde{A}'_i$ 的特征向量 $\boldsymbol{\varphi}_i$ 获得

$$\boldsymbol{\Phi}_i = \boldsymbol{G}^K_{1N-1} \boldsymbol{\varphi}_i \qquad (4-32)$$

式中, $\boldsymbol{\varphi}_i$ 是 i 阶特征值的特征向量; $\boldsymbol{\Phi}_i$ 则是特定频率下某一时刻重构的流场。i 阶模态的二范数 $\| \boldsymbol{\Phi}_i \|_2$ 常用于辅助选择构成流场主要结构的模态,一般选取二范数大的模态作为主要模态进行分析。

4.4.3　POD 和 DMD 方法分析

1. 圆柱绕流算例设置

为了验证时空解耦方法的正确性,本节以圆柱绕流问题为例进行测试。计算域如图 4-14 所示,在上下壁面形成的有限空间内放置直径为 $D=4\ \mathrm{mm}$ 的圆柱,计算域大小为 $25D \times 12.5D$ 的矩形。来流速度为 $0.05\ \mathrm{m/s}$,计算工质为水,工质动力黏度为 $\mu = 1.789\ 4 \times 10^{-5}\ \mathrm{kg \cdot s/m^2}$,雷诺数 $Re = 137$。非定常计算物理时间步长为 $0.1\ \mathrm{s}$,双时间步法内迭代 50 步。计算采用 Fluent 软件,湍流模型采用 $k\text{-}\varepsilon$ 二方程模型。

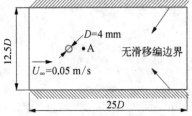

图 4-14　圆柱绕流计算域示意图　　图 4-15　ROI 和监测单点位置

非定常计算在物理时间 31 s 后呈现周期性流场脉动达到非定常收敛。收敛后继续计算保存 690 个时间间隔为 0.1 s 的数据结果。考虑到数据量大的问题,在流场中选取脉动明显的关键区域进行研究,即研究区域(region of interest, ROI)。本算例中选取图 4-15 中的方框所示的 $[x\_range, y\_range] = [(0.3 \sim 0.6), (0.15 \sim 0.35)]$ 的方形区域内的压力场数据进行 POD 和 DMD 的时空解耦。另外记录图 4-14 中监测点 A(圆柱正后方下游 10 mm)处压力随时间变化数据作为校准基准。

2. 时空解耦方法验证

监测点 A 处的非定常压力时域结果如图 4-16 所示,压力以 2 个幅值不同的固定频率进行周期性的波动;其频率如图 4-17 所示,主要脉动频率为 0.576 Hz,次要脉动频率为 0.293 Hz,1.162 为 0.576 Hz 的倍频。

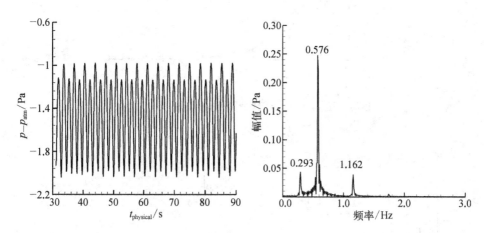

图 4-16　监测点 A 压力脉动时域图　　　图 4-17　监测点 A 压力脉动快速
　　　　　　　　　　　　　　　　　　　　　　　　　　傅里叶变换频谱图

对 ROI 内的脉动压力场进行 POD 变换,模态-能量结果如图 4-18 所示,可以看出前 4 阶模态占据了流场的主要能量。由于 POD 分析是针对脉动流场展开(原流场减去时均流场值)的,因此能量较大的前 4 阶模态表示非定常脉动的主要能量。因此,提取 Mode1~Mode4 的表征频率和相位信息的模态系数进行快速傅里叶变换,如图 4-19 所示。可以看出在 Mode1[图 4-19(a)]和 Mode2[图 4-19(b)]中存在 0.293 Hz 和 0.576 Hz 两个频率,其中 0.293 Hz 为主要脉动频率;在 Mode3[图 4-19(c)]中同样存在 0.293 Hz 和 0.576 Hz 两个频率,但 0.576 Hz 为主要脉动频率;在 Mode4[图 4-19(d)]中,只存在频率为 0.576 Hz 的压力脉动。综合来看,POD 分析结果显示流场中主要脉动频率同样为 0.293 Hz 和 0.576 Hz,这与监测点 A 的结果相同。所不同的是监测点 A 幅值较高的是 0.576 Hz 的频率,而对于 POD 分析的结果来看,脉动能量较高的 Mode1 和 Mode2 中 0.293 Hz 是主要脉动频率,这是因为快速傅里叶变换是针对某一点的分析结果,而 POD 是针对一个区域的分析结果,表征在该区域内的主要脉动,而非具体某一点,这也是 POD 分析的优势,即捕捉到的流场特征更具有代表性。

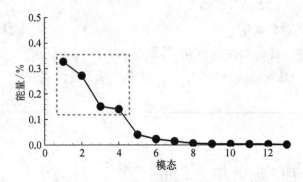

图 4 - 18　POD 分解模态-能量占比

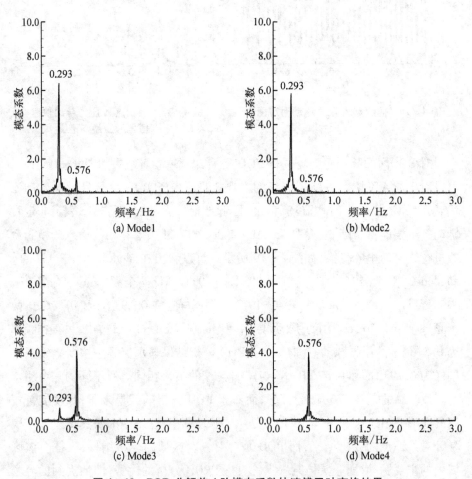

图 4 - 19　POD 分解前 4 阶模态系数快速傅里叶变换结果

对于 ROI 内的压力场进行 DMD 变换得到如图 4 - 20 所示模态的 2 - 范数和频率的关系,图中每个点表示一个模态,而且关于频率零点对称,这是由于频率取值为特征值的虚部[式(4 - 30)],负数部分为共轭极点,因此研究时只需针对频率大于等于零部分的模态进行分析即可,如图 4 - 20 中深色区域所示。频率为零的模态表示时均流场,这里不做讨论。一般认为模态 2 - 范数值越高在

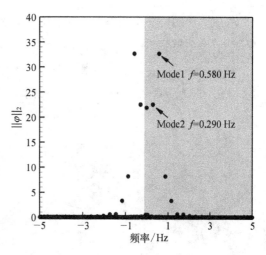

图 4 - 20　DMD 模态 2 -范数与频率的关系

流场中影响越大。选取模态 2 - 范数较高的前 2 阶模态,其频率分别为 0.580 Hz 和 0.290 Hz。表 4 - 1 总结了 POD、DMD 的结果与监测点 A 快速傅里叶变换结果的对比,可以看出 POD 可以非常准确地获得主要脉动的能量,但 DMD 的结果稍有误差(约 1%)。

表 4 - 1　不同数据分析方法获取的流场频率对比

方 法	f_1/Hz	f_2/Hz	f_1 误差/%	f_2 误差/%
FFT	0.576	0.293	—	—
POD	0.576	0.293	0.00	0.00
DMD	0.580	0.290	0.69	1.02

3. POD 和 DMD 对比分析

对比 POD 和 DMD,图 4 - 21 和图 4 - 22 为 POD 两个模态(Mode1 和 Mode3)某一瞬态的脉动压力场重构结果,其中 Mode1 中 f = 0.293 Hz 的脉动起主导作用,在 Mode3 中 f = 0.576 Hz 的脉动起主导作用。DMD 的结果如图 4 - 23 和图 4 - 24 所示,分别为频率 f = 0.290 Hz 和 0.580 Hz 两个频率对应模态的瞬态压力场重构结果。对比图 4 - 21(POD, f = 0.293 Hz 结果)和图 4 - 23(DMD, f = 0.290 Hz),从定性角度来看压力脉动的等压线基本一致,量值上的差异是由于 POD 中包含该频率的压力脉动不仅存在于 Mode1 中,在其余模态也有分

量,而 DMD 的每一个模态包含单一频率的所有组分。对比图 4 - 22(POD,$f=0.576\,\text{Hz}$ 结果)和图 4 - 24(DMD,$f=0.580\,\text{Hz}$),该频率模态的压力等值线的中心本应在 $y=0.25\,\text{m}$ 上(即与圆柱中心的 y 值一致),但从 POD 结果(图 4 - 22)来看,由于受 $f=0.293\,\text{Hz}$ 流场的影响而略有偏离。

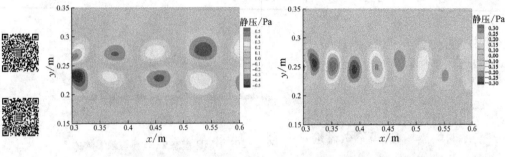

图 4 - 21   POD $f=0.293\,\text{Hz}$ 占主要脉动的
模态流场(Mode1)

图 4 - 22   POD $f=0.576\,\text{Hz}$ 占主要脉动的
模态流场(Mode3)

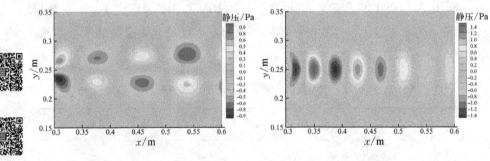

图 4 - 23   DMD 脉动频率 $f=0.290\,\text{Hz}$ 的
模态流场

图 4 - 24   DMD 脉动频率 $f=0.580\,\text{Hz}$ 的
模态流场

综上所述,POD 和 DMD 对流场频率的分析相较于单点的快速傅里叶分析更能表征区域脉动的特点。POD 的优势在于可以提取脉动能量较高的流场结构,但是由于主要频率耦合在一个模态中,无法找出不同频率的脉动源;DMD 则可以将流场按照不同的频率进行层析,每个模态内频率单一,在流场中频率较多且相互耦合度较高的情况下,DMD 分析更有优势。

参考文献

[1]   胡广书. 数字信号处理理论算法与实现[M].北京:清华大学出版社,2012.

[2]   GAO L, LI R, MIAO F, et al. Unsteady investigation on tip flow field and rotating stall

in counter-rotating axial compressor[J]. Journal of Engineering for Gas Turbines and Power, 2015, 137(7): 1 - 11.

[3] 刘晓东. 低速轴流压气机转子叶顶间隙流动分析[D]. 西安：西北工业大学, 2015.

[4] LEVY Y, PISMENNY J. The number and speed of stall cells during rotating stall[C]. Atlanta: ASME Turbo Expo 2003, 2003.

[5] 王春瑞, 岳林. 轴流压气机失速特征识别[J]. 航空动力学报, 2011(8): 1887 - 1892.

[6] 罗志煌, 李军. 单级轴流压气机的旋转失速特性实验[J]. 航空动力学报, 2013, 28(2): 426 - 431.

[7] HELMHOLTZ H. Über integrale der hydrodynamischen gleichungen, welche den wirbelbewegungen entsprechen[J]. Journal für die reine und angewandte Mathematik (Crelles Journal), 1858(55): 25 - 55.

[8] ROBINSON S K. Coherent motions in the turbulent boundary layer[J]. Annual Review of Fluid Mechanics, 1991, 23(1): 601 - 639.

[9] WANG Y, YANG Y, YANG G, et al. DNS study on vortex and vorticity in late boundary layer transition[J]. Communications in Computational Physics, 2017, 22(2): 441 - 459.

[10] 刘超群. Liutex - 涡定义和第三代涡识别方法[J]. 空气动力学学报, 2020, 38(3): 413 - 431.

[11] LIU C Q, GAO Y S, TIAN S L, et al. Rortex—a new vortex vector definition and vorticity tensor and vector decompositions[J]. Physics of Fluids, 2018, 30(3): 035103.

[12] HUNT J C R. Eddies stream, and convergence zones in turbulent flows[J]. Center for Turbulence Research[R]. N88 - 24538, 1988.

[13] VILLIERS E D. The potential of large eddy simulation for the modeling of wall bounded flows[D]. London: Imperial College of Science, 2005.

[14] 张杰, 邓学鋆. 旋涡判别准则及其在 PIV 技术中的应用[C]. 哈尔滨：第二届近代实验空气动力学会议, 2009.

[15] JEONG J, HUSSAIN F. On the identification of a vortex[J]. Journal of Fluid Mechanics Digital Archive, 1995, 285: 69 - 94.

[16] LUMLEY J L. The structure of inhomogeneous turbulent flows [J]. Atmospheric Turbulence and Radio Wave Propagation, 1967: 166 - 178.

[17] SIROVICH L. Turbulence and the dynamic of coherent structures. I-Coherent structures. II-Symmetries and transformations. III-Dynamics and scaling[J]. Quarterly of Applied Mathematics, 1987, 45: 561 - 571.

[18] CHEN H, REUSS D L, HUNG D L S, et al. A on the use and interpretation of proper orthogonal decomposition of in-cylinder engine flows [J]. Measurement Science and Technology, 2012, 23: 085302.

[19] SCHMID P J, SESTERHENN J. Dynamic mode decomposition of numerical and experimental data[J]. Journal of Fluid Mechanics, 2010, 656(1): 5 - 28.

[20] PREMARATNE P, HU H. Analysis of turbine wake characteristics by using dynamic mode decomposition method [C]. Denver: The 35th AIAA Applied Aerodynamics

Conference, 2017.

[21]   MARIAPPAN S, GARDNER A D, KAI R, et al. Analysis of dynamic stall using dynamic mode decomposition technique[J]. AIAA Journal, 2013, 52(11): 2427 - 2439.

[22]   寇家庆,张伟伟. 动力学模态分解及其在流体力学中的应用[J]. 空气动力学报, 2018,36(2): 163 - 179.

第5章

压气机叶根角区流动的高保真模拟与分析

5.1 引 言

随着压气机负荷的提升,产生于压气机叶根角区的三维流动分离现象越加显著,逐渐成为影响压气机效率和稳定性等气动性能的主要因素之一。通过流动控制技术抑制角区分离的范围是提高压气机性能的重要途径之一。流动控制的有效性强烈地依赖于对流动机理认识的深入和准确程度,而复杂物理机理的认识很大程度上建立在研究手段不断发展的基础上。然而,由于角区流动强三维、非定常以及流场结构相互干涉机理复杂的特点,常规的 RANS 数值方法和定常实验手段难以对流场内复杂湍流结构进行精细化捕捉,加之常规的针对流态变量的数据分析方法难以从复杂的耦合流场中辨别湍流结构之间的关联机制,这极大地限制了对角区分离物理本质的认识,使得目前关于压气机角区湍流精细的空间流场结构以及随时间推移的演化过程的认识尚未统一,对于诱发角区分离大规模不稳定的原因尚无统一的结论。

为此,本章以一高负荷压气机叶栅为研究对象,分别采用 DES 和 DDES 数值方法对角区流场进行高保真数值模拟,并将动力学模态分解(DMD)时空解耦技术引入压气机角区分离复杂流场的分析中,从非定常的角度重新认识角区流场的时空演化机制,并探究角区流动分离与失稳的诱因。

5.2 基于 DES 类数值方法的角区流场数值模拟

5.2.1 可控扩散叶栅

研究对象为由西北工业大学"翼型、叶栅空气动力学"国家级重点实验室叶栅分室采用可控扩散叶型方法自主设计的 NPU - A1 叶栅,叶栅几何和参数如表 5-1 和图 5-1 所示,叶栅稠度为 2.30,几何偏转角为 39.6°,具有扩压通道空间狭窄、大曲率几何型面的特点;针对该叶栅,课题组已经开展了大量的实验研究[1-3],获得了大量、丰富的实验数据,包括不同马赫数下的攻角特性、壁面等熵马赫数分布、流道壁面全域压力测量等。

表 5-1   NPU - A1 叶栅几何参数

参数	几何进气角/ (°)	几何出气角/ (°)	安装角/ (°)	稠度 (弦长/栅距)	展弦比 (叶高/弦长)	叶片数
符号	β_{1k}	β_{2k}	$\gamma_{cascade}$	C/pitch	h/C	B_num
值	45.8	6.2	26.6	2.30	1.43	8

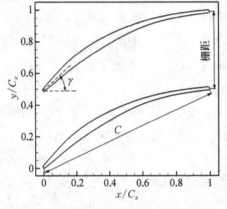

图 5-1   叶栅几何及参数定义

图 5-2   NPU - A1 叶栅实物图

NPU - A1 叶栅实物如图 5-2 所示。根据已有的攻角特性,该叶栅的设计工况为来流马赫数为 0.5、来流攻角为 2.5°,雷诺数为 7.16×10^5。

5.2.2   数值模型

为了减少计算量,同时考虑到对称性,计算域截取从端壁到 50% 叶高处的区域,如图 5-3 所示,50% 叶高处的边界条件设置为镜面边界。由于该叶栅在本书所研究的工况下角区分离没有扩展到中间叶高处,中间叶高处的流动仍然满足统计学规律,因此在 DDES 的数值模拟中采用该边界是可行的。本节采用单通道进行数值模拟,通道两侧为周期性边界条件。为了削弱进、出口边界对流场的

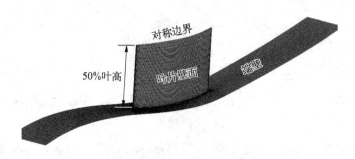

图 5-3 NPU-A1 叶栅计算域

势干扰,计算域在进、出口处分别延伸距离前缘、尾缘 1.5 倍和 2.8 倍轴向弦长。网格在 AutoGrid5™ 中生成,壁面 y^+ 除叶片前缘外都低于 0.5,在叶片前缘处低于 2.0。

按照网格分区策略,在 FR 的关键研究区域网格较密,在 RR 降低网格量以减少计算量,如图 5-4 所示,进口延伸段 A 区网格量给定较少,重点关注的叶栅通道和通道出口 1 倍轴向弦长(C_x)的 B 区域,从出口至上游 1.8 倍轴向弦长的 C 区域内,网格逐渐稀化,不同区域的网格分布见表 5-2,总网格量达到 480 万。

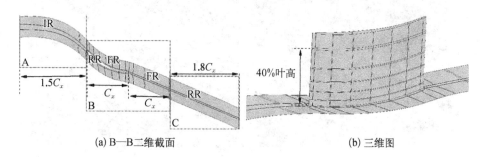

(a) B—B 二维截面   (b) 三维图

图 5-4 基于 DDES 的压气机叶栅数值模拟网格划分示意图

表 5-2 不同区域网格划分数量

分区编号	A	B	C
流向×展向×弦向	20×154×94	296×154×94	20×154×94

5.3 基于实验数据的方法准确性校核

5.3.1 DDES 方法对压气机叶片角区模拟准确性验证

本节基于实验结果,针对大范围角区分离问题,分别从定性和定量两个方面校核 DDES 数值结果的准确性。空间离散格式采用 Roe+五阶 WENO 重构,时间离散采用双时间步法,物理时间步长为 $\Delta t = \overline{\Delta} / \text{Velocity}_{\text{max}}$,其中 $\text{Velocity}_{\text{max}}$ 通常取进口速度的 1.5 倍以上,本节 $\text{Velocity}_{\text{max}}$ 设为进口速度的 2.2 倍。$\overline{\Delta}$ 表示平均网格尺度,约为 $\overline{\Delta} = 5.1 \times 10^{-4}$ m,因此 $\Delta t = 1.34 \times 10^{-6}$ s。虚拟时间步限制为最多 40 步。数值模拟在自行发展的"跨平台叶轮机械高保真 CFD 软件"上执行。为提高非定常计算效率,程序采用基于 MPI 的并行计算,共采用 387 个核心,计算在"天河二号"上完成。

所研究工况为高亚声速、大攻角工况,$Ma = 0.7$,$i = 5.0°$。图 5-5 为吸力面实验油流图谱和极限流线对比图,从对比中可以看出:

(1) 吸力面分离发生的起始位置。实验、RANS 和 DDES 时均结果分别为距离前缘 $0.19C$、$0.27C$ 和 $0.18C$,显然,DDES 的结果更接近实验值。

(2) 靠近尾缘回流区的预测。RANS 结果显示回流区奇点的位置在靠近尾缘的叶栅通道内,而实验和 DDES 时均结果都可以推测奇点位置在叶栅通

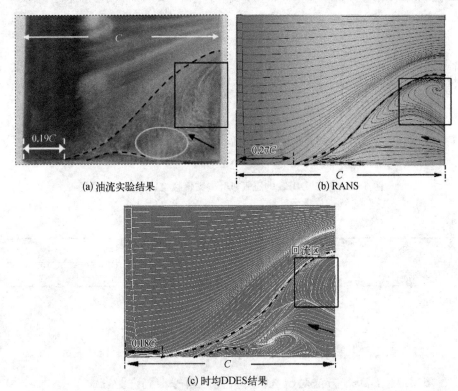

(a) 油流实验结果　　　　　　(b) RANS

(c) 时均DDES结果

图 5-5　叶片吸力面壁面摩擦力线实验与数值对比($Ma = 0.7$,$i = 5.0°$)

道外,即 DDES 的结果更加接近实验值。

（3）靠近端壁角区的涡的长度。如图 5 - 5 中靠近端壁的流向虚线所示,RANS 的结果相对较短,而 DDES 的结果则与实验值更加接近。

实验中吸力面部分区域的示踪粒子并没有被吹动,如图 5 - 5(a)中方框所示,这是由于该区域为低速区,较小的流动速度梯度使得壁面剪应力也较小,无法克服油流涂料在吸力面的附着力。但是,如果减小涂料的黏稠度,即降低涂料的附着力,其他高速区域的油流涂料会被几乎全部吹走,而且在风洞停机过程中也会对结果造成干扰。考虑到这一冲突,在未来高亚声速压气机叶栅实验中,考虑采用多稠度油流试剂分区涂刷。

定量对比结果如图 5 - 6 和图 5 - 7 所示,分别为通道内和通道外物理量分布对比图。在通道内（图 5 - 6）、中间叶高处的等熵马赫数分布可以看出,DDES 可以很好地捕捉峰值马赫数位置以及静压分布;在叶片通道出口中间叶高位置,沿着栅距方向马赫数分布如图 5 - 7 所示,横坐标表示栅距方向无量纲坐标值。实验中测量位置如图 5 - 8 所示,传感器位于通道

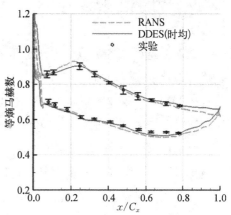

图 5 - 6　叶中截面等熵马赫数

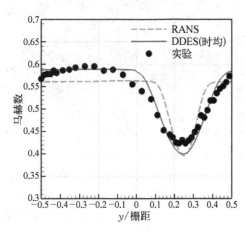

图 5 - 7　中间叶高处距离叶片尾缘 $0.8C$ 的下游位置处马赫数分布

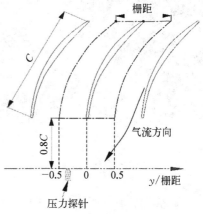

图 5 - 8　马赫数测量位置示意图

出口 80% 叶片弦长的位置。结果显示 DDES 对峰值位置和尾迹的宽度的预测能力较好，且优于 RANS 结果，但在靠近吸力面侧稍有不同。

综上，DDES 方法对角区分离的范围、主要二次流以及叶中截面主要参数捕捉较好，与 RANS 预测结果相比更接近于实验结果。

5.3.2　DES 方法对压气机叶片角区模拟准确性验证

本节同样采用 NPU - A1 叶栅为研究对象，对 $Ma=0.6,i=5.0°$ 的工况进行数值模拟，通过将 DES 时均结果与油流、压力敏感涂料测量（PSP）结果以及压力扫描阀测量结果进行对比，考核 DES 方法在角区分离分体中的预测能力。

前面已经对 DES 类数值方法在压气机叶栅内流场数值模拟的准确性方面的优势进行了分析，因此本节不再与 RANS 进行对比。数值模拟在 NUMECA™ 软件的 FINE/Turbo 求解器上完成，空间离散采用二阶中心差分格式，时间推进采用双时间步法，物理时间步长为 $2×10^{-6}$ s，虚拟时间步不超过 40 步。

吸力面 DES 时均极限流线与实验油流结果对比如图 5 - 9 所示，结果显示，针对前缘分离、角区分离以及靠近尾缘的回流区的捕捉与实验结果吻合良好。然而与上述情况相同，在靠近端区存在低速区未被吹动的情况。

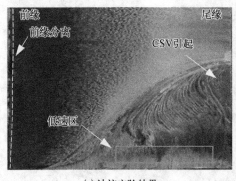

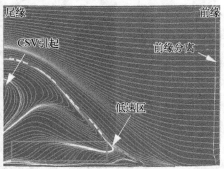

(a) 油流实验结果　　　　　　　　(b) DES 时均结果

图 5 - 9　叶片吸力面壁面摩擦力线实验与数值对比（$Ma=0.6,i=5.0°$）（CSV：集中分离涡）

定量对比结果如图 5 - 10 和图 5 - 11 所示，为叶片表面不同展向位置等熵马赫数分布图。图 5 - 10 为 22 个静压孔测量的结果，可以看出时均 DES 结果与实验结果吻合较好，但是受测量方法的限制，靠近前缘、尾缘的位置缺少验证。近年来,压力敏感涂料测量技术以其高空间分辨率、对流场干扰小的优势得到广泛关注。文献[4-6]将其应用于压气机叶栅流场的测量中,为高空间分辨率的数值校验提供了宝贵的实验数据。图 5-11 为 20%叶高处压力敏感涂料测量实验结果与 DES 时均结果的对比图,其中压力敏感涂料测量数据来源于文献[1],可见 DES 方法捕捉到的叶片表面等熵马赫数分布规律与实验结果吻合良好。

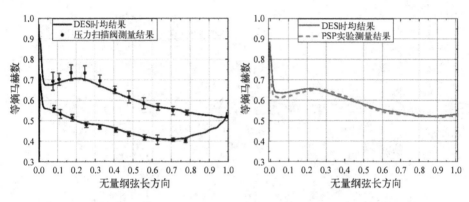

图 5-10　50%叶高处等熵马赫数分布　　图 5-11　20%叶高处等熵马赫数分布

综上,通过定性、定量的对比可以看出,DES 类数值方法对压气机叶栅角区流场的数值模拟可以得到满意的结果。

5.4　基于高保真数值流场的角区复杂流动分析

对压气机效率、稳定性等影响较大的通常是脉动强度较大的湍流结构,即主要脉动湍流结构。本节通过 DDES 数值方法,解析压气机角区附面层外流场的主要脉动区域,并认识该区域的非定常脉动特点。数值方法及工况与5.3.1 节一致。

5.4.1　通道内/外主要脉动湍流结构

对角区附面层外主要脉动湍流结构的研究首先需要确定主要脉动区域。为了定量描述脉动(非定常)强度的大小,本节采用文献[7]中定义的 Su 来分析,其定义公式如下:

$$Su(x, y, z) = \sqrt{\frac{1}{\Delta t} \int_{t_0}^{t_0 + \Delta t} \left[g(x, y, z, t) - \overline{g}(x, y, z) \right]^2 \mathrm{d}t} \qquad (5-1)$$

式中, $g(x, y, z, t)$ 表征某一瞬态的流场物理量; $\overline{g}(x, y, z)$ 为对应的时均流场物理量。此处采用无量纲压力场进行计算, Su 值越大表示非定常强度越强。结果如图 5 - 12 所示, 从图中可以看出:

(1) 在叶栅通道内, 非定常脉动范围主要集中在 10% ~ 25% 叶高的范围之内且靠近吸力面;

(2) 在叶栅通道出口, 非定常脉动主要集中在一个类似环形的区域内。

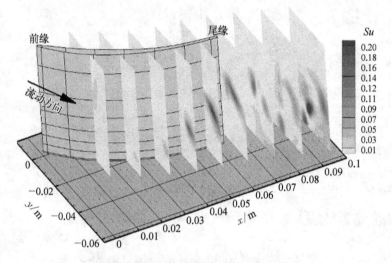

图 5 - 12　不同截面非定常强度云图

接下来重点分析主要脉动区域对应的涡结构。借助 Q 判据来显示流场中的涡系结构。某一瞬态流场基于 Q 判据的等值面 ($Q = 7 \times 10^7$) 如图 5 - 13 所示, 可以初步确定主要流动结构。从图中可以看出: ① 叶片通道中的尺度最大的涡系结构是通道涡 (passage vortex, PV), 它形成于靠近前缘和吸力面的端壁处。随着 PV 逐渐向下游发展, 其影响范围逐渐增大; ② 受通道涡的刮擦作用, 在叶片吸力面侧产生壁角涡 (wall corner vortex, WCV) 或称为壁面涡 (wall vortex, WV); ③ 发展到叶片尾缘时, 由 WCV 的脱落而形成集中脱落涡 (concentrated shedding vortex, CSV); ④ 在叶片前缘靠近端壁的位置形成马蹄涡 (horse vortex, HV), 但是在该高速压气机叶栅中, HV 的吸力面分支并不明显; ⑤ 此外, 在叶栅通道下游, 交替出现大尺度和小尺度的涡系结构, 如图中虚线框所示,该结构呈现出发卡的形状,称为发卡涡(hairpin vortex);⑥ 叶片尾缘涡脱落形成尾缘脱落涡(trailing-edge shedding vortex, TSV)。从瞬态流场的空间结构中可以看出 TSV 似乎与其他涡系结构发生掺混,如 CSV 和 PV 等。

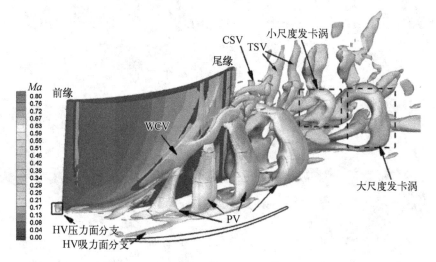

图 5-13　瞬态流场主要涡系结构(Q 判据等值面及马赫数云图,$Q=7×10^7$)

综合图 5-13 的涡系结构和图 5-12 的主要脉动区域可以看出,针对角区附面层外,主要的非定常涡系结构为在通道内的通道涡和通道下游的发卡涡。

某一瞬态的流场并不能显示出涡系结构相互掺混、发展的过程。为此,在图 5-14 中给出了 DDES 模拟得到的 6 个典型时刻的涡系结构图。从主要涡结构的产生来看,PV 产生于端壁靠近叶片前缘吸力面和端壁的位置,在图中以实线框标出,并在向下游发展的过程中逐渐向叶片中部发展,6 个时刻涉及 7 个通道涡结构,分别编号为 PV1~PV7。从图 5-14(a)~(f)可以看出,通道涡产生位置很稳定,一直处于 $x=0.012±0.002$ m 和 $y=0.016±0.004$ m 的范围之内,是进行流动控制的理想位置。

从主要涡结构的发展来看,T1 时刻[图 5-14(a)]PV1 发展到了叶栅通道出口位置,在 T2 时刻[图 5-14(b)]PV1 与其他涡系结构掺混后形成了尺度较小的发卡涡;T3 时刻[图 5-14(c)]PV2 发展到了通道出口处,并逐渐与其他涡系结构相互掺混,在 T5 时刻[图 5-14(e)]PV2 形成了尺度较大的发卡涡;T6 时刻[图 5-14(f)]PV3 与 PV1 类似,形成了尺度较小的发卡涡,如此

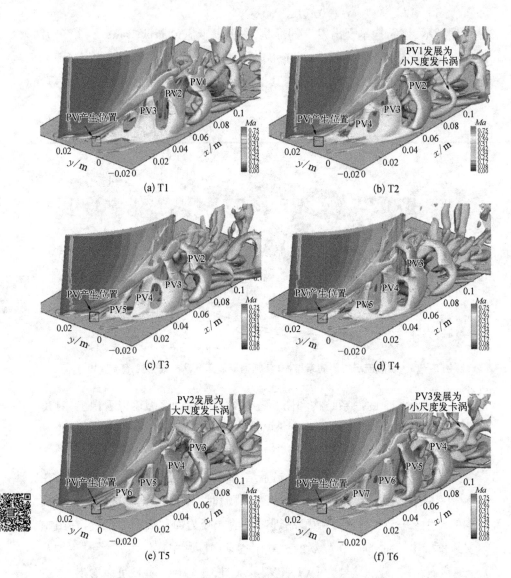

图 5 - 14   涡系结构的发展（$Q = 7 \times 10^7$ 等值面和马赫数云图）

以 T1 为初始状态，其他时刻与该时刻的关系为 T2 = T1 + 56Δt，T3 = T1 + 98Δt，T4 = T1 + 158Δt，T5 = T1 + 218Δt，T6 = T1 + 356Δt

周而复始。

综上所述，压气机叶栅角区主要脉动结构是存在于通道内的通道涡和通道出口的发卡涡，通道涡形成位置基本稳定，在通道出口与其他涡结构掺混形成大、小尺度交替出现的发卡涡。

5.4.2　通道内主要脉动湍流结构时空演化

根据 5.4.1 节的分析,已经对角区流场中主要脉动区域和主要脉动湍流结构有了初步的认识。但由于湍流结构的高度耦合,对于这些湍流结构的形成机制以及随着时间的推移、空间结构的变化及掺混机制等的认识尚不明确。基于此,本节借助 DMD 方法,对 DDES 数值结果的通道内和通道外主要脉动区域进行时空解耦,解析角区流场主要涡系的形成及演化机制。

为了综合考虑多个物理量,DMD 分析的输入物理量包含速度矢量和压力,将物理量按照网格点的顺序依次排列形成输入矩阵。在本节的研究中快照数 N 为 520。

根据瞬态流场主要涡系结构(图 5-13)可以看出,通道内主要的涡结构产生于靠近吸力面的区域。因此,对通道内涡系结构的分析也应该集中在该区域,如图中 ROI 区域。考虑到网格量和样本数量较大,对通道角区全域进行 DMD 分析所需要的内存大小不可小觑,很难实现。因此,此处采用分层分析的方式,即在选定的区域沿着不同叶高截取等高截面,分别进行 DMD 分解,如图 5-15 所示选定的 ROI。本节共截取 4 个截面,分别为沿着叶高 10%、15%、20% 和 25% 的截面位置,对应的展向坐标分别为 $Z = 0.02$ m、0.025 m、0.03 m、0.035 m。考虑到近壁面 URANS 数值模拟不解析湍流结构,因此在进行 DMD 分解时 ROI 区域不包含靠近壁面的区域。

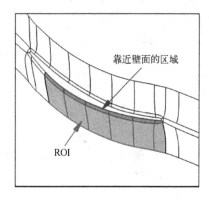

图 5-15　通道内 DMD 研究区域

DMD 分解后不同模态的 2-范数和频率的关系如图 5-16 所示。对于稳定流场,模态的 2-范数越大,表征该模态在非定常流场的构成中占据的比例越大。频率为零的模态表征所分析的时间范围内的时均流场,标记为 Mode0,此处不做详细分析。通常情况下,Mode0 的模态 2-范数为所有模态中的最大值,但在 10% 截面处[图 5-16(a)],由于靠近端壁,非定常脉动强度较大,Mode1 的模态 2-范数值超过了 Mode0。在脉动流场中 Mode1 是最主要的脉动源,在 25% 叶高以下[图 5-16(a)、(b) 和(c)],Mode1 的模态 2-范数值明显大于其非定常模态;在 25% 叶高处[图 5-16(d)],多个模态的 2-范数值基本相同,表明在该截面处存在强烈的涡系掺混和能量传递。

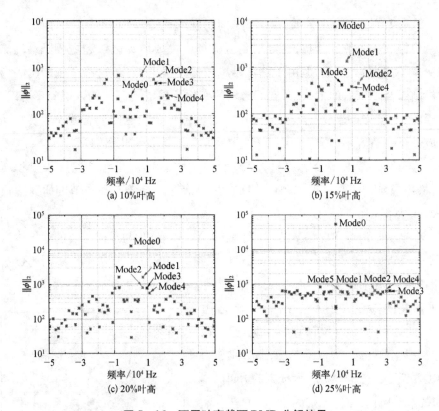

图 5-16   不同叶高截面 DMD 分解结果

不同截面处主要脉动模态(Mode1)的流场重构如图 5-17 所示,图中为不包含幅值信息的某一时刻静压云图和速度矢量图。根据静压脉动的位置,并结合图 5-13 可以看出,该模态表征通道涡逐渐向下游移动的动态特性。压力脉动的轨迹方向代表着通道涡发展的方向,如图中的箭头所示。可以看出,越靠近叶中的截面,捕捉到的压力脉动的区域越靠近尾缘且轨迹更加偏向于吸力面。可以推测随着通道涡向下游发展,通道涡展向尺度逐渐增大。越靠近叶片中部周向压差越大,如图 5-18 所示,在周向压差的驱动下靠近叶片中部的通道涡移动轨迹更加贴近吸力面。

表 5-3 给出不同叶片截面 Mode1 的增长率和无量纲频率 Sr 的值。所有的增长率都是一个很小的负值,也就是说 Mode1 是一个呈现稳定周期性的动力学模态。同时 Sr 在通道涡发展逐渐靠近通道中部的过程中逐渐增大,表明通道涡在靠近叶片中部的移动速度大于靠近端壁的部分,这也是在叶栅通道内通常监测到的是频率带而非一个单独的频率的原因之一。

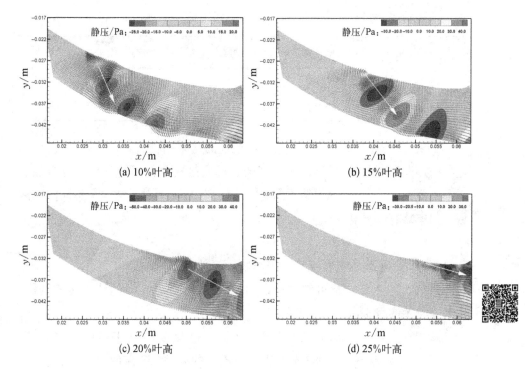

(a) 10%叶高

(b) 15%叶高

(c) 20%叶高

(d) 25%叶高

图 5-17   不同截面的 Mode1 的流场重构结果(压力云图和速度矢量图)

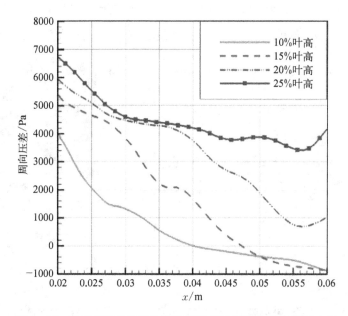

图 5-18   基于时均结果的不同截面处吸力面与通道中部压力差

表 5-3   不同叶片截面 Mode1 的增长率和无量纲频率

位　　置	10%叶高	15%叶高	20%叶高	25%叶高
Sr	1.213	1.230	1.259	1.602
增长率/10^{-4}	-2.697	-5.581	-4.898	-4.606

　　综上,作为叶栅通道内非定常强度最强的涡系结构,通道涡向下游发展的过程中逐渐发展壮大,靠近叶片中部的移动轨迹在周向压差的作用下更加靠近吸力面。同时,由于涡系结构的空间拉伸作用,同一涡系结构在不同空间区域的频率略有差异。

5.4.3　通道外主要脉动湍流结构时空演化

　　根据 5.4.2 节分析可知在通道出口处,发卡涡是主要的湍动湍流结构。本节重点关注发卡涡的形成及发展。

　　从图 5-14 可以看出,发卡涡产生于流场位置为 $x=0.07\sim0.1$ m 的范围内。因此本节选择 $x=0.085$ m 的垂直于流向的截面(S3 流面)作为研究区域进行 DMD 分析,结果如图 5-19 所示,前 5 阶模态分别编号为(Mode0 ~ Mode4)。Mode0 表征时均流场,Mode0 流向速度云图如图 5-20 所示(不包含幅值及演化特性信息),给出的是流向速度云图。图中的低速区是涡在该平面

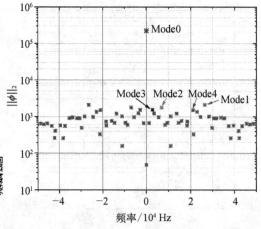

图 5-19　在 $x=0.085$ m 截面处 DMD 分解结果

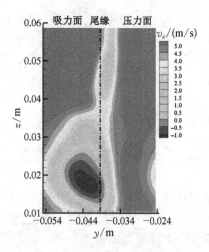

图 5-20　Mode0 流向速度云图
（视角：从上游看）

上的投影。根据低速区所在的空间位置可以判断,在 $z = 0.035 \sim 0.06$ m 范围
内低速区由尾迹引起,而在 $z \leqslant 0.035$ m 时大范围的低速区则是由发卡涡引起。

　　为了研究该区域的动力学特征,接下来将进一步对表征动态特性的 Mode1 ~
Mode4 展开研究。从图 5 - 19 可以看出,该四个动力学模态的 2 -范数大小明显
高于其他模态,但相互之间的值相差很小,说明此处存在很强的掺混以及能量交
换。图 5 - 21 为 DMD 特征值实部和虚部在单位圆(虚线)上的分布情况,横、纵
坐标分别表示特征值的实部和虚部。在单位圆上和单位圆内的模态是稳定模
态,如此处的 Mode1、Mode2 和 Mode3,这三个模态近似在单位圆上,表明这三个
是周期性稳定流场。若位于圆之外,则是不稳定的模态,如 Mode4。

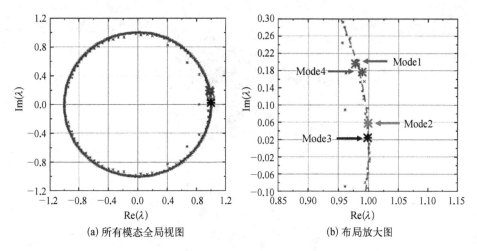

(a) 所有模态全局视图　　　　　　(b) 布局放大图

图 5 - 21　$x = 0.085$ m 截面处模态特征值实部和虚部在单位圆上的分布

　　对稳定模态 Mode1、Mode2 和 Mode3 的模态速度场进一步计算得到某一
时刻涡量云图(不包含幅值信息),如图 5 - 22 所示,为对速度场进行重构后进
一步计算得到的涡量云图。根据涡量云图中高涡量出现的位置可以推测,
Mode1 捕捉的是 CSV 通过该截面的频率;Mode2 捕捉到的是 PV 和 CSV 相互
掺混并通过该截面的频率;Mode3 捕捉到的是 TSV 通过该截面的频率。因此,
发卡涡即 PV、CSV 和 TSV 相互掺混的结果。TSV 发展成为发卡涡的一个涡
腿,靠近端壁的 PV 发展成为发卡涡的另一个涡腿。

　　对比 Mode2 和 Mode3 的频率,见表 5 - 4,可以发现 Mode2 的频率近似为
Mode3 频率的 2 倍。也就是说 PV 通过该截面的频率近似为 TSV 通过该截面

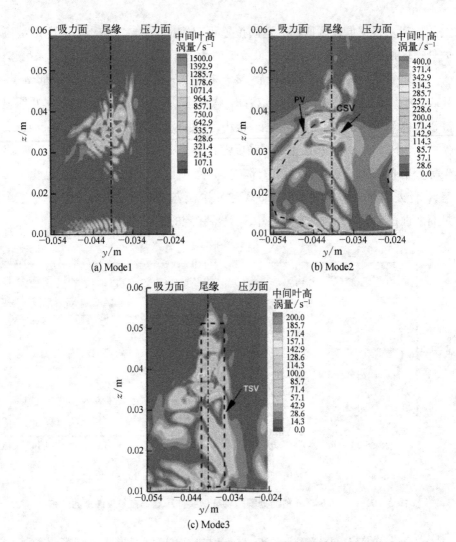

图 5-22　$x = 0.085$ m 平面处不同模态流场重构后的涡量云图(从上游看向下游)

频率的 2 倍。因此,当通道涡与尾缘脱落涡在通道出口处相遇时,形成大尺度的发卡涡;同时,相邻的通道涡在尾缘附近并没有与 TSV 相遇,随即形成了小尺度的发卡涡。这就是在通道出口发卡涡尺度交替出现的原因。

表 5-4　平面 $x = 0.085$ m 处进行 DMD 分解后不同模态的无量纲频率

动力学模态	Mode1	Mode2	Mode3
Sr	3.26	0.85	0.44

5.5　基于高保真流场的角区流动不稳定诱因研究

为了研究三维角区流动引起流动失稳的内在原因,同样以 NPU - A1 叶栅为研究对象,采用 DES 数值方法对半叶高流场进行数值模拟,详细数值方法等见 5.3.2 节,此处不再赘述。

该叶栅的来流马赫数为 0.6 时的攻角特性曲线如图 5 - 23 所示(实验结果),横坐标为来流攻角(i),左侧纵坐标以及图中方框表示静压比(π_c),右侧纵坐标以及圆圈表示总压损失(ϖ)。可以看出总压损失在 5.0°来流攻角之前基本不发生变化,在来流攻角达到 5.0°之后开始剧烈增加;对于压比,在7.5°攻角之前压比持续增加,但在 7.5°之后压比突然降低,叶栅发生攻角失速,进入不稳定状态。因此 $i = 7.5°$ 为近失速工况,本节重点对 $Ma = 0.6$、$i = 7.5°$ 的工况展开研究;另外选择 $Ma = 0.6$、$i = 5.0°$ 这一稳定工况为参考,通过对比探索造成不稳定的诱因。

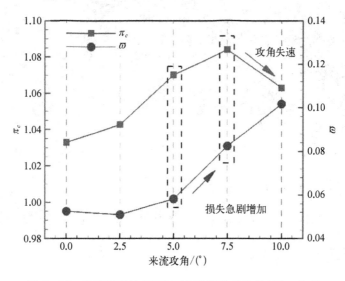

图 5 - 23　实验测量的 NPU - A1 叶栅攻角特性($Ma = 0.6$)

5.5.1　基于时均流场的流场结构分析

非定常流场的时均化通常以流场主要非定常频率(f_{main})为基准,选择两个或多个周期的流场进行时均处理。在本节中 f_{main} 定义为以出口质量流量非

定常脉动经快速傅里叶变换后能量最大的频率。并取收敛后 3 个周期的结果进行时均,即

$$\overline{g}(x, y, z) = \int_{t_{\text{start}}}^{t_{\text{start}} + 3/f_{\text{main}}} g(x, y, z, t) \, dt \tag{5-2}$$

当工况发生变化时,流动损失的增加以及不稳定脉动的发生,通常会引起流动细节发生变化。因此,本节首先对流动拓扑结构展开研究。

叶片表面的剪切力方向受三维角区分离的影响会发生变化。图 5 - 24 给出基于时均流场的稳定工况(来流攻角 = 5.0°)和近失速工况(来流攻角 = 7.5°)下吸力面极限流线图。通过对比可以发现,除了二次流(包含角区分离区以及前缘分离区)区域大小不同外,在近失速工况下存在一个有垂直于吸力面分量的涡结构,标记为"SSV",如图中虚线框中所示。

 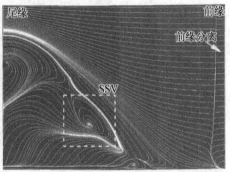

(a) 来流攻角=5.0°(稳定工况)   (b) 来流攻角=7.5°(近失速工况)

图 5 - 24   基于时均流场的不同来流攻角工况下吸力面极限流线图

为了进一步分析两个工况下空间流场细节的差异,此处借助无量纲螺旋度(normalized helicity)[8] H_n 这一参数展开分析。H_n 是速度矢量和涡矢量的点积,即

$$H_n = \frac{\boldsymbol{W} \cdot \boldsymbol{\psi}}{|\boldsymbol{W}| |\boldsymbol{\psi}|} \tag{5-3}$$

从定义式中可以看出,H_n 是一个表征速度矢量与涡矢量平行程度的标量,可用于辅助判断涡核位置以及涡的矢量方向。该定义中认为当速度矢量与涡矢量方向平行时是涡核心的位置。因此,H_n 的值越接近-1 或 1,表示越

靠近涡核的位置。而 H_n 符号的正负表示涡矢量与速度矢量方向的正反。因此，H_n 的大小、符号同时结合所处的空间位置特点即可判断出涡的类型。

通道内无量纲螺旋度云图如图 5 – 25 所示，同时给出流场中主要涡结构的涡核，如图中绿色线所示。对于不同的涡系结构，H_n 的符号不同。例如，对于角涡（CV），是靠近端壁的涡矢量指向上游的回流区，即速度矢量和涡矢量

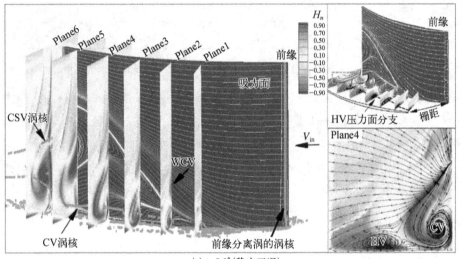

(a) $i=5.0°$（稳定工况）

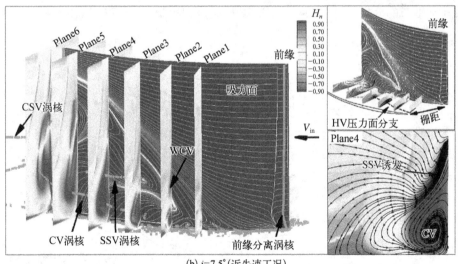

(b) $i=7.5°$（近失速工况）

图 5 – 25 基于时均 DES 结果的 H_n 云图及涡核

的方向均指向上游,因此 H_n 是正值;对于集中脱落涡(CSV)的回流区,涡矢量有向下游的分量,而速度方向指向上游,因此 H_n 为负值;对于通道涡(PV),速度矢量方向和涡矢量方向均指向下游,因此 H_n 为正值。其他类型的涡系结构,如壁角涡(WCV)、马蹄涡(HV)[9]等都是同理,均已在表 5-5 中给出。

表 5-5   在角区分离区域不同涡系结构 H_n 的符号

涡的类型	CV	CSV	WCV	PV	HV 吸力面分支	HV 压力面分支
H_n 的符号	+	−	+	+	+	−

结合涡核以及 H_n 的分布可以看出,在稳定工况下($i=5.0°$)[图 5-25(a)],叶栅通道内存在明显的前缘分离涡、集中脱落涡、角涡以及马蹄涡压力面分支的涡核,在 Plane4 截面处,马蹄涡的压力面分支与角涡相遇,可以推测在继续向下游发展的过程中会发生相互干涉。在近失速工况下($i=7.5°$)[图 5-25(b)],除了前缘分离涡、角涡、集中脱落涡以及马蹄涡压力面分支的涡核外,还存在一个开始于叶片吸力面且在 Plane4~Plane5 涡核消失的吸力面分离涡的涡核(SSV)。在 SSV 所在的上游流场,两个工况下的流场结构基本相同,但受 SSV 的影响,马蹄涡压力面分支的涡核在 Plane4 之后消失[图 5-25(b)右上角小图],即 SSV 的出现使得流场的掺混效应更加剧烈。根据对时均流场流动细节的分析,总结了两个工况下高亚声速叶栅内流场的拓扑结构,如图 5-26 所示。

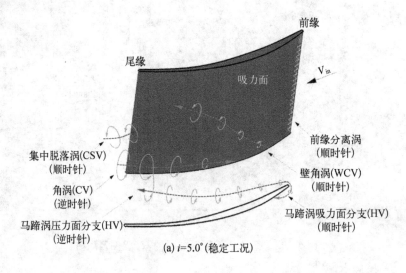

(a) $i=5.0°$(稳定工况)

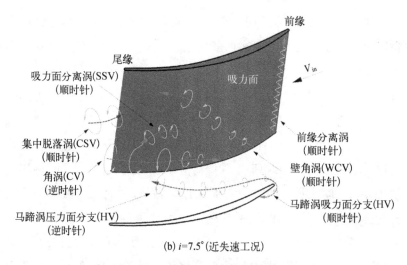

(b) $i=7.5°$(近失速工况)

图 5-26　不同工况下流场拓扑结构

为了寻找流场结构的变化与叶栅性能之间的关系,图 5-27 给出两个工况下总压损失系数云图,对比可以看出从叶片前缘到 Plane4 的通道内,两个工况下流场的高损失区基本相同,但是从 Plane4 之后,来流攻角为 7.5°工况下流场的高损失区域与 5.0°工况下相比大幅增加。

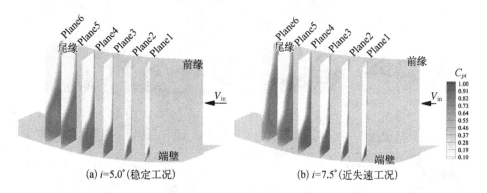

(a) $i=5.0°$(稳定工况) 　　　　(b) $i=7.5°$(近失速工况)

图 5-27　基于时均流场的两个工况下叶栅通道内的总压损失系数云图

根据以上分析可以初步得到结论,流场的不稳定性以及流动损失的增加与 SSV 有关。因此,下面将进一步研究 SSV 的形成与发展。

5.5.2　基于瞬态流场的流场结构分析

时均结果抹平了流场的非定常脉动,因此无法表征由角区分离引起的流场非定常的动力学特性,而且同一个时均流场可能对应多个非定常流场。本节从瞬态流场的角度对角区分离的非定常特征进行分析,尤其是稳定和不稳定工况对比中发现的区别较大的吸力面分离涡 SSV 的形成和发展。

根据 Délery's 的拓扑理论[4],当流线流入一个点时,该点为一个分离点;若流线从一个点流出,则该点为一个附着点。图 5-28 和图 5-29 分别为来流攻角为 5.0°和 7.5°工况下吸力面极限流线图。需要说明的是,理论上,流线与迹线在时均流场中才会重合,而采用数值离散求解的流场,某一个时刻的数值解其实就是离散时间步长内的时均结果,因此某一时刻的极限流线仍然可以定性地显示流场中短时间内的涡系结构在吸力面上的投影情况。可以明显看出,SSV 同时存在于两个流场。对于这两个工况,因为角涡的涡矢量方向指向上游,即角涡驱动很强的一股回流由叶片尾缘向上游发展,如图 5-28 中靠近端区和尾缘的区域。该回流首先附着于叶片吸力面,随后受到壁角涡(WCV)

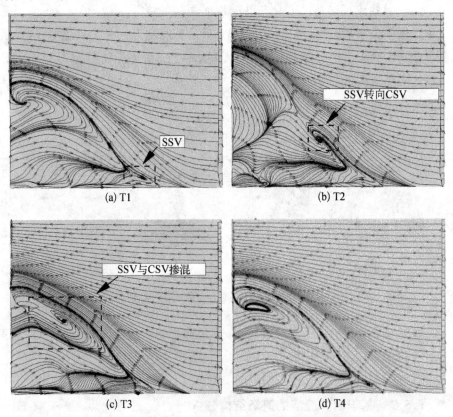

(a) T1   (b) T2

(c) T3   (d) T4

图 5-28   稳定工况下($i=5.0°$)四个时刻瞬态吸力面极限流线

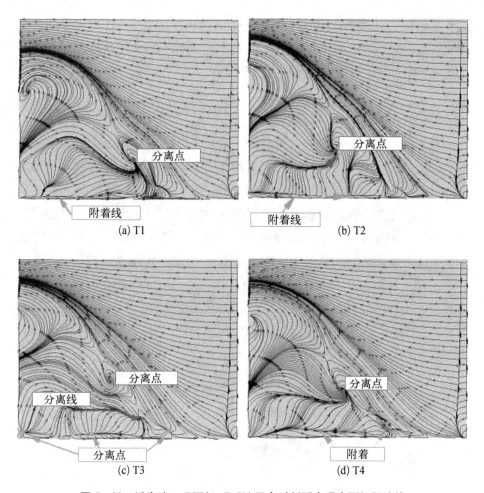

(a) T1　　　　　　　　　　　　　　　　　　(b) T2

(c) T3　　　　　　　　　　　　　　　　　　(d) T4

图 5-29　近失速工况下(i=7.5°)四个时刻瞬态吸力面极限流线

向下游的挤压作用,再次从叶片吸力面分离,形成吸力面分离涡,即 SSV。

在稳定工况下,SSV 在壁角涡的驱动下向下游发展,并与 CSV 相互掺混 [图 5-28(c)],并随着 CSV 的发展被推出通道[图 5-28(d)];因为 SSV 周期性地产生、向下游移动并被推出通道,所以在时均流场中并没有被捕捉到。然而在近失速工况下,SSV 产生后一直存在于通道内[图 5-29(a)~(d)],只是涡核的位置会随时间发生很小的变化,而且从吸力面分离后,SSV 并没有与CSV 发生掺混,而是与角涡相互掺混。

综上,SSV 是由角涡驱动的回流附着于吸力面后再分离形成的。在稳定和近失速工况下都会产生 SSV,所不同的是,稳定工况下 SSV 在向下游发展的过程中与 CSV 掺混并被推出叶栅通道,而在近失速工况下 SSV 与 CV 相互掺混且一直存在于通道内。那么,SSV 在近失速工况下的这种非定常特征是如何影响流场的稳定性呢? 接下来将借助 DMD 分析方法展开进一步研究。

5.5.3　流场不稳定机理研究

考虑到大量的网格节点和时刻快照,全域采用 DMD 分析对内存的需求太大,很难满足。因此,本节选择一个特定的区域作为研究区域。为了更清晰地从三维的角度来分析角区分离现象,研究区域选为三维区域,这是与之前采用 DMD 分析的工作不同的地方[10,11]。同样,研究区域的选择排除靠近壁面的区域,如图 5-30 所示,为了进一步减少 DMD 分解的计算量,本节减少了研究区域内的网格密度,即在提取数据时计算坐标系下 I、J、K 三个方向的网格节点都减少 1/3;采样频率为 125 000 Hz。DMD 分析程序在 192 GB 内存的工作站上执行。

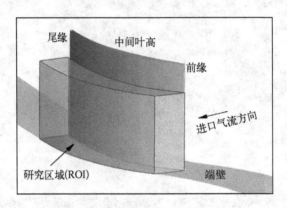

图 5-30　DMD 分析的三维研究区域

DMD 分解后会获得一系列的模态,每一个模态都对应一个固定的脉动频率和增长率。DMD 模态的 2-范数的大小通常用来决定需要研究的模态。目前普遍认为,2-范数越大的模态对流场的非定常性越重要。无量纲频率 Sr 和 2 范数的关系如图 5-31 所示。2-范数越大,说明该模态在非定常流场演化的初期作用越大;另外一个需要考量的参数是增长率。如果增长率是负值,那么说明非定常脉动的幅值随着时间的推移会逐渐减小,对演化后期的作用会逐渐减弱;如果增长率接近零,那么说明该模态稳定地、周期性地存在于流场中;而如果增长率为正,脉动幅值逐渐增加,这对于流场最后进入非稳定状态具有决定性作用。Mode0 表征没有脉动的时均结果,此处不做讨论。

　　稳定工况下[图 5-31(a)],2-范数较大的模态都集中在低频率,但在近失速工况下[图 5-31(b)],有两个凸起,即 2-范数较大的模态不仅出现在低频率处,在高频率段也有 2-范数较大的模态。本节首先分析稳定模态的情况:通过表 5-6 给出的几个典型模态的增长率大小来分析不同模态对流场的影响作用,可见其增长率都接近于零,也就是说从 Mode1~Mode4 都是稳定模态,这也反向说明该工况是一个稳定工况。

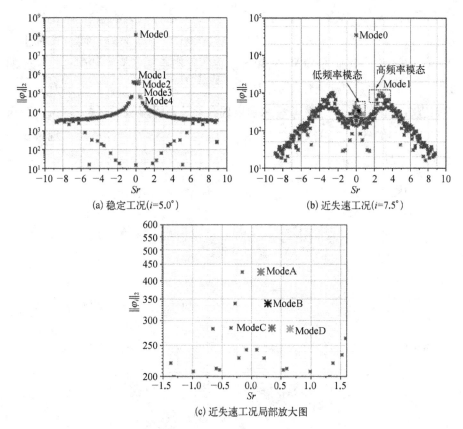

(a) 稳定工况(i=5.0°)

(b) 近失速工况(i=7.5°)

(c) 近失速工况局部放大图

图 5-31　不同工况下 DMD 无量纲频率与 2-范数的关系[12]

表 5-6　稳定工况不同模态的增长频率[模态号见图 5-31(a)]

模态编号	Sr	增 长 率	稳定性状态
1	0.65	-4.43×10^{-8}	稳定
2	0.15	1.00×10^{-7}	稳定

续　表

模 态 编 号	Sr	增 长 率	稳定性状态
3	0.44	1.60×10^{-7}	稳定
4	0.58	-1.72×10^{-8}	稳定

　　对于近失速工况,首先分析高频率段模态的增长率。图 5 - 32 为 2 - 范数大于 500 的所有模态增长率和频率的关系,其中球体的大小表征 2 - 范数的大小。可以看出虽然高频率模态的 2 - 范数较大,但所有的模态增长率都小于零,也就是说随着时间的推移,高频率模态的脉动会逐渐衰减或保持周期性的脉动不变,对流场的稳定性不会产生决定性影响。对上述提到的所有高频率模态进行流场重构,发现高频率脉动出现在叶片尾缘靠近端壁的位置,本节仅以 Mode1 为例进行说明,重构后的压力场如图 5 - 33 所示。由于该现象仅在近失速工况出现,因此这一特征可以用于流场失稳预警。

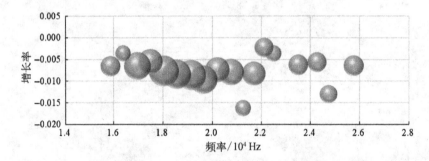

图 5 - 32　近失速工况高频模态增长率[13]（球体大小代表该模态的 2 - 范数大小）

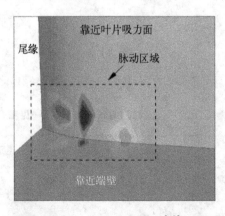

图 5 - 33　近似度工况 Mode1 压力场重构图[13]（虚线框为高脉动区）

　　然而,对于近失速工况的低频率模态,2-范数相对较大的三个模态,图 5-31(c)中标注为 ModeA、ModeB、ModeC,其增长率见表 5-7,呈现较大的正值。也就是说,这三个模态在流场的稳定性方面扮演着重要角色。因此,有必要对这三个模态的流场进行重构,并深入分析所对应的物理现象。

表 5-7　近失速工况不同模态的频率和增长率[模态编号见图 5-31(c)]

模 态 编 号	频率/Hz	增长率/10^{-3}	稳定性状态
A	1 143	4.95	不稳定
B	2 000	2.95	不稳定
C	2 500	1.97	不稳定
D	4 642	-1.05	稳定

　　三个模态主要的脉动区域以压力等值面的方式在图 5-34 中给出。等值面值的大小是每个模态最大压力脉动幅值的 50%,云图为无量纲流向速度,等值线的物理量为靠近吸力面部分的静压,在每一个模态下等值线的数量是相同的。

　　对于 ModeA[图 5-34(a)],高脉动区域发生在由吸力面和端壁形成的角区,而且主要集中在 25% 叶高以下,与 SSV 和 CV 形成的位置相重合,因此可

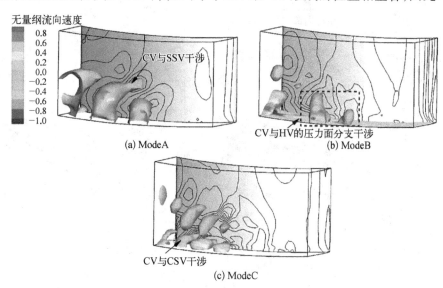

(a) ModeA　　　　　　　　(b) ModeB

(c) ModeC

图 5-34　近失速工况低频率模态流场重构图[13]

等值面代表压力;云图代表无量纲流向速速;等值线代表靠近吸力面的静压值

以推测该模态表征 CV 与 SSV 的相互掺混;同样对于 ModeB[图 5-34(b)],主要脉动产生在叶栅通道中部附近,且靠近端壁,可以推测该模态表征 CV 与 HV 的压力面分支的相互掺混;对于 ModeC[图 5-34(c)],主要脉动区域包含两个部分,其中一部分同样靠近角区,另一部分靠近 CSV 产生的位置,因此推测该模态表征 CV 与 CSV 的相互干涉。以上涡系结构的相互掺混形成了流场的主要非定常脉动源。其中,表征 CV 与 SSV 掺混的模态具有最大的 2-范数和增长率,对流场的不稳定性起着决定性作用,因此接下来将着重分析 ModeA。

根据时均流场图 5-24 可以看出 SSV 产生于展向约 20% 叶高的位置,即展向高度为 96.0 mm 的位置,因此本节对 ModeA 进行流场重构并单独截取该截面进行分析,结果如图 5-35 所示,为一个周期四个典型时刻的压力场和速

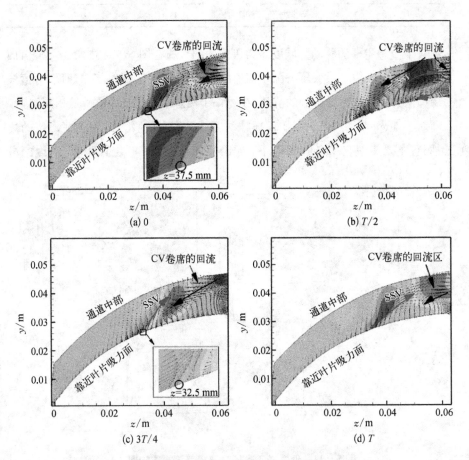

图 5-35   近失速工况 ModeA 流场重构(平面位置 $x = 96.0$ mm, 压力云图及速度矢量,T 为该模态对应的周期)[13]

度矢量场。

在零相位时,在流向 $z = 37.5$ mm 的吸力面位置产生 SSV。随后,SSV 与 CV 驱动而来的回流相遇;在 $T/2$ 相位处,回流被 SSV 截断成两部分,一部分继续向叶片前缘发展,另一部分则与 SSV 相互掺混,增强了回流的势能;在 $3T/4$ 相位处,SSV 被新增强后的回流阻塞在通道内,并进一步被推向上游和叶片通道中部,导致通道大范围堵塞;在 T 相位处,受主流的驱动作用,阻塞作用有所减弱。

综上,角涡与其他涡系结构的相互掺混是流场不稳定的主要来源,其中角涡与 SSV 周期性地掺混是致使流场失稳的主要诱因。具体来说,由角涡驱动的回流与 SSV 相遇、掺混并将其推向通道中部和上游,导致通道堵塞,引发大范围低能区并最终致使叶片角区失速。因此,为了优化叶片的性能,需要控制 SSV 的产生或者将 SSV 推出叶片通道。

参考文献

[1] GAO L, HU X, TIAN L, et al. Pressure field measurement on compressor cascade using pressure-sensitive paint[C]. Seoul: ASME Turbo Expo 2016, 2016.

[2] 胡小全.光路布置方法研究及其在叶栅压力测量中的应用[D]. 西安:西北工业大学,2016.

[3] 蔡宇桐.压气机叶片加工误差影响研究及叶型稳健性设计[D]. 西安:西北工业大学,2017.

[4] DÉLERY J. Separation in three-dimensional flow: critical points, separation lines and vortices[DB/CD]. https://www.onera.fr/sites/default/files/ressources_documentaires/cours-exposes-conf/onera-3d-separation-jean-delery-2011-1a.pdf[2021-10-11].

[5] GAO L, LI R, LIU B. New trends and developments in metrology[M]. Croatia: InTech, 2016.

[6] 高丽敏,高杰,王欢,等.PSP 测压技术在叶栅叶片表面压力测量中的应用[J].工程热物理学报,2011,32(3):411-414.

[7] GAO L, LI R, MIAO F, et al. Unsteady investigation on tip flow field and rotating stall in counter-rotating axial compressor[J]. Journal of Engineering for Gas Turbines and Power, 2015, 137(7):1-11.

[8] YAMADA K, FURUKAWA M, NAKANO T, et al. Unsteady three-dimensional flow phenomena due to breakdown of tip leakage vortex in a transonic axial compressor rotor [C]. Vienna: ASME Turbo Expo 2004, 2004.

[9] ZHANG H, WU Y, LI Y, et al. Investigation of vortex structure and flow loss in a high-speed compressor cascade[J]. Acta Aeronautica et Astronautica Sinica, 2014, 35(9):2438-2450.

[10]   MARIAPPAN S, GARDNER A D, KAI R, et al. Analysis of dynamic stall using dynamic mode decomposition technique[J]. AIAA Journal, 2013, 52(11): 2427 – 2439.

[11]   PAN C, YU D, WANG J. Dynamical mode decomposition of gurney flap wake flow[J]. Theoretical and Applied Mechanics Letters, 2011: 1(1): 1 – 5.

[12]   LI R, GAO L, ZHAO L, et al. Dominating unsteadiness flow structures in corner separation under high Mach number[J]. AIAA Journal, 2019, 57(7): 2923 – 2932.

[13]   LI R, GAO L, MA C, et al. Corner separation dynamics in a high-speed compressor cascade based on detached-eddy simulation[J]. Aerospace Science and Technology, 2020, 99: 1 – 11.

第6章

压气机叶顶端区流动的高保真模拟与分析

6.1 引　言

随着压气机压比性能的提升,压气机做功能力与稳定性之间的矛盾日益突出。压气机叶顶端区流动对压气机效率和稳定性有重要的影响,为满足先进航空压气机的设计要求,对压气机叶顶端区流动机理及控制方法的研究逐渐受到关注,成为叶轮机气动热力学领域研究的热点。

为了避免转子与机匣壁面的摩擦碰撞,通常压气机转子叶尖与机匣壁面间存在一定的间隙,其径向尺度约为1%叶高[1]。在叶片压、吸力面两侧压差的作用下,部分气流翻越叶顶形成泄漏流动,因此叶顶间隙流动通常也称为叶尖泄漏流。大量的研究表明[2,3],对于压气机,叶尖泄漏流对流场的影响主要体现在流动损失和堵塞两方面,前者主要造成压气机效率的下降,泄漏损失通常占总损失的20%~40%[4];后者导致压气机做功能力下降和稳定裕度减小。此外,叶顶间隙流动也是压气机气动噪声的主要来源之一[5,6]。综上,叶顶间隙流对压气机的性能有着重要的影响。

精细、准确的流场信息是流场结构认识和机理分析的前提。本章将以带叶顶间隙的压气机扩压叶栅为研究对象展示 DES 类数值模拟方法在高负荷压气机叶顶端区流动研究中的优势。考虑到叶顶间隙区域网格密度非常大,为了避免出现网格诱导分离现象,因此此项工作采用 DDES 方法。

6.2 基于 DDES 方法的叶顶端区流场数值模拟

6.2.1 带叶顶间隙的扩压叶栅

叶型是压气机叶片的基本单元,而叶栅是研究叶型构成的通道内流动的基本条件。本章以带叶顶间隙的扩压叶栅为研究对象,所用叶栅为实验室自行设计的 NPU－01 叶栅,叶型几何转折角为 49.06°,叶栅稠度为 1.73,参数以及参数的含义详见表 6－1 和图 6－1。为了保证良好的周期性,叶栅由 9 个叶片组成,上下栅板间距离通过定位柱固定 100 mm,叶片下端插入下栅板安装槽以悬臂的方式进行固定,保证叶片顶部与上端壁之间的间隙距离为 1 mm,即 1% 叶高,示意图如图 6－2 所示。

表 6－1　NPU－01 叶栅参数

参　　　数	取　　值
展弦比 h/C	1.54
稠度 C/t	1.73
叶片安装角 $\beta_S/(°)$	21.27
几何进气角 $\beta_{1k}/(°)$	47.08
几何出气角 $\beta_{2k}/(°)$	−1.98
叶顶间隙 δ/mm	$1(\delta/h=1\%)$

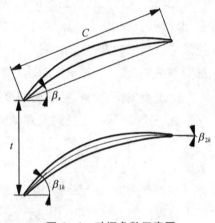

图 6－1　叶栅参数示意图

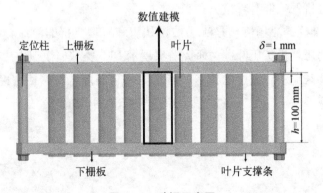

图 6－2　叶栅示意图

NPU-01 叶栅基于弦长的雷诺数 $Re = 1.08 \times 10^{6}$，该叶栅的设计工况为 $Ma = 0.4$，来流攻角为 $i = 0°$。

6.2.2　数值模拟方法

本项工作的重点在于研究大分离工况下叶顶间隙泄漏流与通道内叶片吸力面流动分离等复杂流动现象之间的掺混和干涉。考虑叶顶间隙的存在使得叶栅上、下端壁的流场结构并不关于中间叶高对称，尤其在大分离工况下，对叶顶端区流动影响较大的吸力面分离流动同样会受到叶根角区的影响，为了保证数值结果的准确性，本节采用全叶高单通道作为计算模型，即图 6-2 中黑色框所示区域。第一层网格高度为 1.58×10^{-6} m，可以保证 $y_{wall}^{+} \leqslant 1$。网格划分在 NUMECA AutoGrid5^{TM} 内完成，叶顶间隙内采用蝶形网格，叶片通道及进出口延伸段采用 O4H 拓扑结构，blade-to-blade 截面（B—B）的网格分布如图 6-3 所示，大量的网格布置在叶片通道周围，网格正交性在 43° 以上，如图 6-4 所示，在叶片前缘、尾缘以及通道内部网格接近正方体，流向无量纲网格尺度满足 $\Delta x^{+} \leqslant 110$。展向 321 个网格，在叶顶 30% 和叶根 30% 的区域内保证展向无量纲网格尺度 $\Delta z^{+} \leqslant 120$，网格总量 1 740 万。

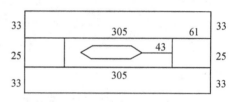

图 6-3　S1 流面网格示意图

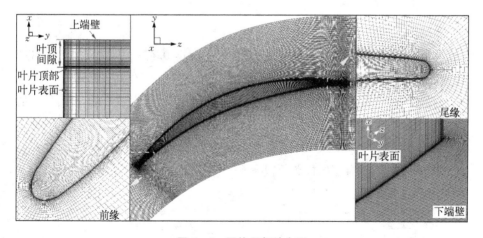

图 6-4　网格局部放大图

数值模拟采用 DDES 数值方法,求解器为 Fluent 中的 Simple 算法。空间离散精度为三阶,时间离散格式为二阶隐格式,物理时间步长 $\Delta t = \bar{\Delta}/\text{Velocity}_{\max}$,其中 $\text{Velocity}_{\max}$ 通常取进口速度的 1.5 倍以上,在此处设为进口速度的 1.5 倍;$\bar{\Delta}$ 表示平均网格尺度,此处选择通道内核心区域的平均网格尺度为 4.0×10^{-4} m,则 $\Delta t = 3.0 \times 10^{-6}$ s。进口给定总温、总压和气流方向,出口给定静压,通过调整出口静压改变进口马赫数。壁面为绝热无滑移边界,数值模型通道两侧为非匹配周期性边界条件。DDES 数值模拟的初场为 RANS 收敛的结果。为了提升数值模拟速度,采用基于 MPI 的并行方法,在高性能计算集群上完成,搭载主频 2.25 GHz 的 AMD epyc 7742 CPU,256 个核心 512 线程,本次数值模拟共使用 120 个核心。

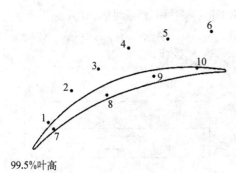

99.5%叶高

图 6-5   数值模拟流场非定常静压检测点
(展向位于叶顶间隙中部)

在叶顶区域的计算域内设定了 10 个静压监测点用于判断非定常数值模拟的收敛性,图 6-5 为 10 个监测点在 S1 流面的位置。若监测点的时均结果和方差随时间的推进变化在 5% 以内,则认为达到收敛。图 6-6 为叶顶区域静压监测点结果,虚线为以 5 000 步为一个视窗、500 个物理时刻为步长向前推进进行时均的结果,均已在 5% 以内,达到收敛。

6.2.3   数值工况的选择

带叶顶间隙的压气机叶栅的设计工况是 $Ma = 0.4$、$i = 0°$。目前压气机的设计通常可以保证叶片在设计工况下有较好的性能,而在大攻角等非设计工况下流场恶化造成的性能下降是当前关注的重点,因此关注非设计工况下的流场特征显得尤为重要。

本节通过叶片损失来确定待研究的非设计工况。实验件如图 6-7 所示,通过测量叶中截面通道出口总压损失系数 ϖ 随来流攻角的变化来获得攻角与损失系数的关系。通道总压损失系数定义为

$$\varpi = \frac{p_{\text{in}}^* - p^*}{p_{\text{in}}^* - p_{\text{in}}} \tag{6-1}$$

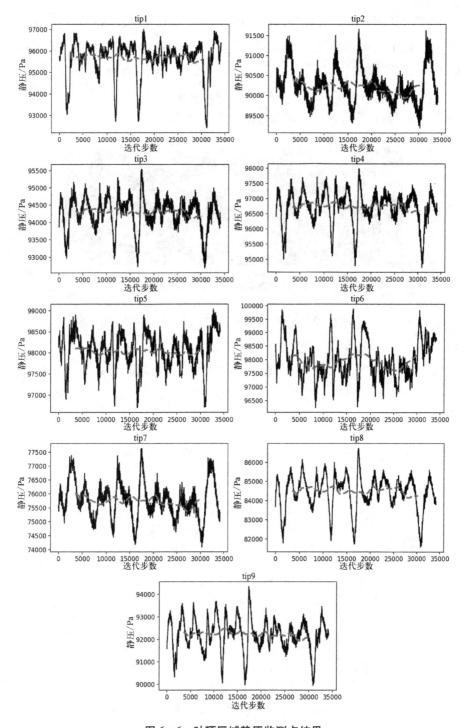

图 6-6 叶顶区域静压监测点结果

式中,来流总压 p_{in}^* 由总压探针在风洞实验段进口处测量;叶栅出口处的总压 p^* 由 5 孔探针在 50% 叶高处、距离叶片尾缘 $0.8C$ 位置处测量得到。如图 6-7 所示,该实验件由 9 个叶片 8 个通道组成,从中间两通道的某一叶中位置 开始,将探针沿着栅距方向以 0.1 mm 的步长移动一个栅距,将采样的 30 个时 均总压结果进行质量流场平均后得到。

图 6-7   带叶顶间隙的压气机叶栅实验件

叶中截面通道出口总压损失系数 ϖ 随来流攻角的变化实验结果如图 6-8 所示,从图中可以看出,该叶栅在负攻角工况下性能较好,从设计攻角 0°~4° 的攻角增大的过程中,损失缓慢增加,当攻角由 4° 增加到 6° 后,总压损失急剧 增加,这表征着叶栅吸力面出现大尺度分离的情况。因此这里选择 6° 攻角作 为待研究的大分离工况。

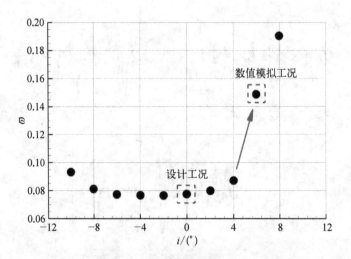

图 6-8 $Ma=0.4$ 叶栅叶中截面出口处总压损失系数与 来流攻角的关系(实验结果)

6.3　叶顶端区动态流场分析

　　叶顶间隙流动本质上是一种高度非定常、时空多尺度、高雷诺数的流动，在定常、稳态范围内往往无法解释非定常流动深层的物理机制。因此，本节从叶顶间隙动态分析的角度展示 DDES 方法在捕捉流场时空分辨率方面的优越性。

6.3.1　非定常涡系结构分析

　　压气机非定常流场通常由时均流场（$\bar{g}$）、转静子干涉形成的周期性非定常流场（g'_{periodic}）以及湍流非定常流场（$g'_{\text{turbulence}}$）组成。URANS 和 RANS 方法都是求解雷诺平均的纳维-斯托克斯方程，通过湍流模型模化流场中所有的湍流脉动，因此 URANS 虽然是非定常数值模拟方法，但仅能解析时空大尺度的周期性非定常流场 g'_{periodic}。对于此项研究中叶顶间隙由于几何以及逆压梯度导致的湍流脉动流场，URANS 和 RANS 的模拟结果是类似的，因此这里将 DDES 与 RANS 的数值结果进行对比。

　　RANS 和 DDES 瞬态流场涡系结构如图 6-9 所示，给出了基于 Q 判据的涡识别结果。从定性的角度可以看出，由于 RANS 将全流场的脉动全部模化 [图 6-9(a)]，湍流相关的非定常脉动是不进行解析的，因此针对 RANS 模拟

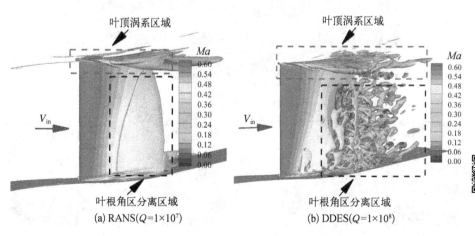

(a) RANS($Q=1\times10^7$)　　　　(b) DDES($Q=1\times10^8$)

图 6-9　基于 Q 判据的通道内全叶高流场涡系结构图

结果的 Q 判据结果仅能体现分离出现的位置、范围等信息[图 6 - 9(a)],而对于角区、吸力面分离流动以及叶尖的涡等空间拟序结构之间相互的影响以及诱导过程的捕捉则无能为力。图 6 - 9(b) 为 DDES 某一瞬态的通道内基于 Q 判据的涡结构,由于 DDES 方法在远离壁面的大分离区域内采用 LES 方法可以解析部分湍流脉动动能(取决于网格尺度的大小,LES 要求能解析当地 80% 的湍动能),因此能提供更丰富的流场信息。

6.3.2　主要脉动区域分析

对叶顶端区流场主要脉动结构首先需要确定主要脉动区域。本节同样采用第 5 章使用的 Su 参数来定量描述,采用非定常静压场,以 DDES 数值模拟收敛后 677 个时刻的结果进行分析,根据式(5 - 1)得到的静压非定常脉动大小如图 6 - 10 所示,给出了 8 个 S3 流面的静压脉动大小的分布,并给出 Slice2、Slice5 和 Slice7 三个截面叶顶区域的局部放大图,图的方向为沿着气流方向从上游看去的结果,局部截面图中叶片右侧为吸力面。

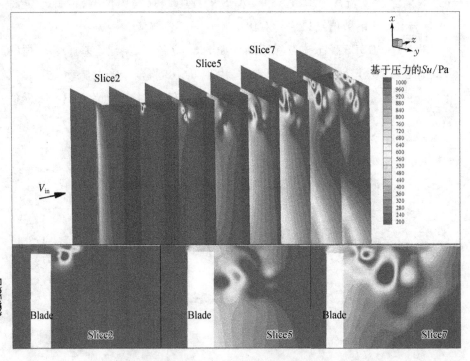

图 6 - 10　不同截面非定常截面压力脉动强度

　　由图 6 - 10 可以看出,在叶顶区域,高非定常脉动区域主要出现在靠近叶尖 25% 叶高的范围内。高脉动区域从 Slice2 的叶顶吸力侧逐渐沿着展向向下发展、同时向着中间通道处发展;在 Slice5 的位置处叶顶间隙产生的高脉动区域与展向靠近吸力面的高脉动区域相连,并在向下游发展的过程中相互干涉。

　　高脉动区域通常对应着涡系的产生、发展以及干涉等过程,间接影响流场局部的气动损失,因此下面对高脉动区域与基于 Q 判据的叶顶涡系结构相互对应,分析高脉动区域对应的物理现象。选取了四个典型时刻的流场涡系图,如图 6 - 11 所示,从 T_0 到 $T_0 + 24\Delta t$ 时刻演化的过程中,产生于吸力面的分离流动逐渐形成分离涡,并于 $T_0 + 72\Delta t$ 时刻开始逐渐与叶尖泄漏涡发生干涉,这种干涉作用在向下游发展的过程中,使得叶尖泄漏涡被切割为环状涡结构。这些精细结构的捕捉将为叶顶区域流动损失的产生和流动失稳机理的探索提供更多的细节。

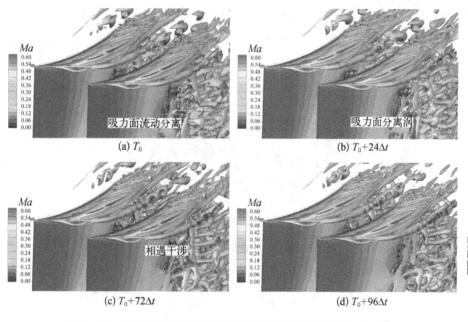

图 6 - 11　四个典型时刻叶顶基于 Q 判据的等值面图($Q = 1 \times 10^8$)

　　采用涡解析的数值模拟方法可以得到丰富的流场数据,但同时给流场分析也带来更大的挑战。基于 Q 判据的涡系结构数量大、尺度多样,仅通过时序流场显示寻找代表流场主要特征的涡结构非常困难,下面采用本征正交分解的方法从主要脉动模态的角度对流场动态特征进行分析。

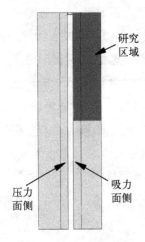

图 6-12　本征正交分解研究区域示意图

（研究区域、压力面侧、吸力面侧）

6.3.3　流场主要脉动特征分析

本节重点关注不同截面 50%叶高以上区域主要脉动模态的特征。选择如图 6-10 所示的七个截面，由于附面层内仍然采用 RANS 的湍流模型，并不对附面层内的脉动进行求解，因此提取数据进行本征正交分解分析时去掉靠近叶顶端壁和叶片的附面层区域，研究的区域如图 6-12 中黑色区域所示。本征正交分解输入为所研究区域 677 个物理时刻三维速度矢量和静压的脉动值。

本征正交分解后不同模态能量占比如图 6-13 所示，从图中可以看出，位于通道内的截面 Slice1 ~ Slice7,80%的脉动能量集中在前 1 阶模态（Mode1），下面就对占据主要脉动的 Mode1 展开分析。

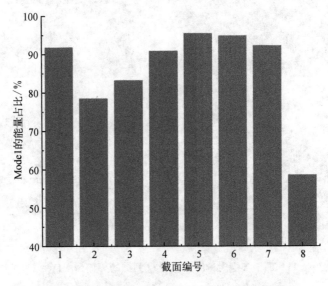

图 6-13　不同截面本征正交分解 Mode1 能量占比

不同截面的 1 阶模态（Mode1）静压云图以及流线如图 6-14 所示，其中截面是图 6-10 中沿着气流方向看去的结果，左侧为叶片压力面侧，右侧为叶片吸力面侧。根据第 4 章的内容可以知道,本征正交分解模态实则为只与空间相关的标准正交基函数,与重构流场不同,只能体现压力脉动剧烈的区域,而数值的大小并不能表示脉动幅值的大小,因此这里并未给出压力云图的图例。

对于靠近前缘的 Slice2[图 6 - 14(a)],由压力面气流越过叶顶产生的间隙泄漏涡成为主要脉动拟序结构;在 Slice3[图 6 - 14(b)]截面附近叶顶区域通道内主要脉动区域沿着展向下发展,并诱导出一个新的涡结构,并在向下游发展的过程中逐渐被推向叶片中部[图 6 - 14(c)];在 Slice5 截面附近,靠近吸力面的位置由于逆压梯度的作用发生了流动分离[图 6 - 14(d)中最靠近吸力面的鞍点],该分离流动与 Slice2 中的叶尖泄漏涡和 Slice3 中诱导产生的涡结构相互干涉;涡之间不断诱导、发展、吞并、耗散,使得叶顶附近的脉动区域逐渐扩大[图 6 - 14(e)~(f)]。结合通道内的总压损失云图(图 6 - 15)可以看出,从 Slice5 之后损失区域增大,而这正是吸力面分离流动产生并与叶尖泄漏涡等涡系结构掺混的位置,因此可以推断,叶顶区域流场损失增大与吸力面侧出现分离有关。可见,经过本征正交分解后选取脉动主要模态,可以排除对非定常流场脉动贡献较小的脉动结构,更有利于损失机理和失稳机理的分析。

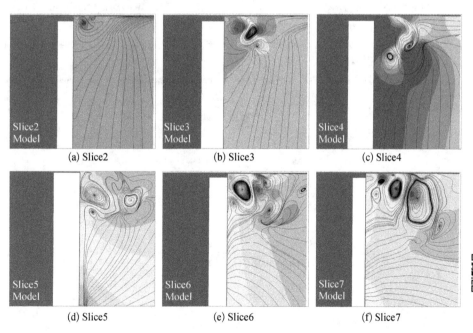

(a) Slice2　　　　(b) Slice3　　　　(c) Slice4

(d) Slice5　　　　(e) Slice6　　　　(f) Slice7

图 6 - 14　不同截面本征正交分解模态 1 流场(压力云图及流线)

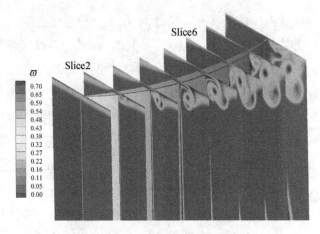

图 6-15 叶顶区域总压损失云图

参考文献

［1］ 邓向阳.压气机叶顶间隙流的数值模拟研究［D］.北京：中国科学院工程热物理研究所,2006.

［2］ WISLER D C. Loss reduction in axial-flow compressors through low-speed model testing ［J］. Journal of Engineering for Gas Turbines and Power, 1984, 107(2)：354-363.

［3］ DENTON J D. Loss mechanisms in turbomachines［C］. Cincinnati：International Gas Turbine and Aeroengine Congress and Exposition, 1993.

［4］ 李成勤.低速轴流压气机平面叶栅叶顶泄漏流动的研究［D］.北京：中国科学院工程热物理研究所,2011.

［5］ DITTMAR J H. Methods for reducing blade passing frequency noise generated by rotor-wake-stator interaction［R］. Washington：NASA, 1972.

［6］ 蔡娜.非自模化区域内动叶叶尖间隙对气动-声学性能的影响［J］.空气动力学学报,1999,17(3)：257-261.

第7章

压气机进气畸变发生器流场的
高保真模拟与分析

7.1 引　言

随着军用飞机对非常规机动性和超声速机动性等飞行任务要求的逐渐提高,发动机进气参数分布的不均匀性也越加显著,如起飞吸入地面涡[1]、大攻角机动时进气道唇口分离以及超声速飞行时进气道激波附面层干扰[2]或机身凸起部件处的分离流动加剧等;同时出于新一代军用战机气动、隐身、结构等考虑,各类新型进气道不断被提出,如S弯进气道[3]、半埋入式进气道[4]等,破坏了进气道内气流均匀性,大量研究表明进气道的不均匀性对位于下游的压气机的气动性能影响显著[5],尤其在发动机气动稳定性方面起到主要甚至决定性作用[6],成为威胁飞行安全的重要隐患。因此,对发动机气动稳定性的评估中考虑畸变的影响至关重要。由于还没有完善的理论分析方法,迄今为止主要还是依靠实验来完成对发动机气动稳定性的评定[7]。

畸变模拟器是在地面试车台开展整机与部件畸变实验时,在压气机进口的气动界面(aerodynamic interface plane, AIP界面)生成畸变流场,以模拟进气畸变的一种实验装置。目前,针对畸变模拟器从实验和数值模拟方面开展了大量的研究工作[8-14],包括畸变流场的生成机制、来流参数对畸变模拟器中AIP界面参数的影响规律、畸变流场特性规律等,在畸变模拟器稳态畸变性能方面取得了很多有价值的研究成果。然而,对于新一代军用战斗机进气道畸变表现出大范围高强度的动态特性,动态畸变特性成为发动机性能影响极为显著的因素之一。因此,如何通过畸变模拟器产生与实际飞行环境相符的进气畸变图谱与动态畸变指数,成为在地面试车台开展发动机和压气机部件总压畸变实验的关键。

　　探索畸变模拟器对 AIP 界面动态畸变特性的调控关系是进行畸变实验的前提。由于动态畸变实验存在着总压探针价格昂贵、测点布置有限、时间周期长、所得实验数据有限、实验危险等问题,采用数值模拟的方法对畸变模拟器流场进行预测成为研究动态畸变指数的首选方法。考虑到插板畸变模拟器流场的显著特点为大尺度分离,而常规的 URANS[15]方法受限于涡黏模型湍流各项均匀假设的限制,从原理上无法准确对大分离流场进行准确预测。兼顾计算量和计算精度的 DES 类数值方法为畸变模拟器动态畸变的研究提供新的方法。考虑到 DDES 方法在削弱网格依赖性方面的优良特性,因此此项工作采用 DDES 方法。

　　本章发展适用于插板畸变动态流场的 DDES 方法,对经典弦月式插板以及新型轴向串联组合插板和周向并联组合插板构型进行研究,旨在研究不同构型以及插板深度对稳态畸变指数,动态畸变指数和稳态、动态畸变指数的比值的影响规律,评估以上三种畸变模拟器构型对上述畸变指数的调控能力,为提升畸变实验的模拟精度并提高畸变实验的科学性提供理论依据。

7.2　畸变指数的定义

　　总压畸变主要是由实际飞行过程中进气道进口前和进气道内部流动的扰动造成的发动机进口总压非均匀分布。进气总压畸变存在着复杂性与多样性,其某一个时刻的畸变总压值均是空间与时间的函数[其函数表达式为 $p^*(r, \theta, t)$],为了在航空发动机设计、研制、实验过程中定量地衡量进气总压畸变程度,往往采用进气总压畸变指数,从而建立起进气总压畸变程度与航空发动机稳定性和性能的关联。根据《航空涡轮喷气和涡轮风扇发动机进口总压畸变评定指南》(GJB/Z 64A—2004),稳态畸变指数和动态畸变指数的定义如下所述。

　　航空发动机设计、研制和实验过程中需要定量衡量进气总压畸变的程度,因此往往采用总压来定义畸变指数。由于各国在研究进气总压畸变影响时采取的研究方案、实验装置等均存在差异,因此目前在进气总压畸变指数方面仍未存在一个统一的、通用的标准。本节所使用的是国内研究机构普遍采用的俄罗斯进气总压壁件指数标准,依据《航空涡轮喷气和涡轮风扇发动机进口总压畸变评定指南》(GJB/Z 64A—2004)。

1. 稳态畸变指数

稳态畸变指数 $\Delta\bar{\sigma}_0$ 是用来描述 AIP 界面上面平均总压恢复系数 σ_{av} 与低压区周向范围 θ^- 内的平均总压恢复系数 σ_0 的相对差值的无量纲参数,即

$$\Delta\bar{\sigma}_0 = 1 - \frac{\sigma_0}{\sigma_{av}} \qquad (7-1)$$

$$\sigma_0 = \frac{1}{\theta^-}\int_{\theta_1}^{\theta_2}\sigma_{r,\,av}(\theta)\,\mathrm{d}\theta \qquad (7-2)$$

$$\sigma_{av} = \frac{1}{360}\int_0^{360}\sigma_{r,\,av}(\theta)\,\mathrm{d}\theta \qquad (7-3)$$

式中,$\sigma_{r,\,av}(\theta)$ 为 AIP 界面上某一周向位置的径向平均总压恢复系数,即

$$\sigma_{r,\,av}(\theta) = \frac{\int_{\bar{r}_{hub}}^1 \sigma(\bar{r},\,\theta)2\bar{r}\,\mathrm{d}\bar{r}}{1 - \bar{r}_{hub}^2} \qquad (7-4)$$

公式中参数的定义详见表 7-1。

表 7-1　畸变指数定义参数表

符 号	含 义
r	AIP 界面上某测点的半径
r_{hub}	轮毂半径
r_{tip}	轮缘半径
$\bar{r}$	无量纲半径,即 $\bar{r} = r/r_{tip}$
$\bar{r}_{hub}$	轮毂比 $\bar{r}_{hub} = r_{hub}/r_{tip}$
θ	AIP 界面上的极角,单位为(°)
p_0^*	进气道前均匀来流总压值,单位为 Pa
p^*	总压,单位为 Pa
$\bar{p}^*$	时均总压,即 $\bar{p}^* = \frac{1}{T}\int_0^T p^*\,\mathrm{d}t$,单位为 Pa

续　表

符　号	含　义
$(\overline{p}^{*})_{av}$	面时均总压,单位为 Pa
T	取样时间,应大于气流脉动的最长周期,单位为 s
θ^{-}	AIP 界面上总的低压区周向范围
σ	总压恢复系数,即 $\sigma = \overline{p}^{*}/p_0^{*}$
σ_0	θ^{-} 范围内的平均总压恢复系数
σ_{av}	面平均总压恢复系数
$\sigma_{r,av}(\theta)$	周向位置 θ 处的径向平均总压恢复系数
$\Delta\overline{\sigma}_0$	稳态畸变指数
ξ_{av}	面平均动态畸变指数
$\xi_{r,av}(\theta)$	周向位置 θ 处的径向平均动态畸变指数
$(\Delta p^{*})'_{RMS}$	总压脉动均方根,单位为 Pa

低压区周向范围 θ^{-} 用来描述 AIP 界面上径向总压恢复系数 $\sigma_{r,av}(\theta)$ 与面平均总压恢复系数 σ_{av} 的范围的角度参数,典型的 $\sigma_{r,av}(\theta)$ 分布如图 7-1 所示,低压区周向范围可用低压区起始角度 θ_1 与低压区终止角度 θ_2 来界定:

$$\theta^{-} = \theta_2 - \theta_1 \qquad (7-5)$$

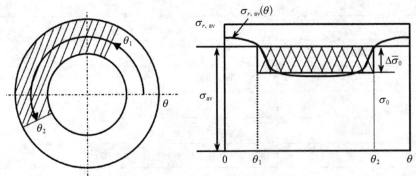

图 7-1　径向平均总压恢复系数 $\sigma_{r,av}(\theta)$ 沿周向的分布

当 AIP 界面上存在两个及以上多个分散低压区时,应对每一个低压区都计算出相应的低压区周向范围 θ_i^{-} 和稳态畸变指数 $\Delta\overline{\sigma}_0$,AIP 界面上总的低压

区周向范围 θ^- 即各个低压区周向范围 θ_i^- 之和。此时，AIP 界面的稳态畸变指数根据 θ_i^- 的大小分为以下三种情况计算：

（1）当 $\theta_i^- > 60°$ 时，取各低压区中最大的 $\Delta\bar{\sigma}_0$ 值作为畸变流场的稳态畸变指数；

（2）当 $\theta_i^- \leq 60°$ 时，则要比较各低压区 $(\Delta\bar{\sigma}_0 \times \theta^-)/60°$ 的大小，取其中的最大值作为畸变流场的稳态畸变指数；

（3）当各低压区范围 θ_i^- 既有小于等于 60° 又有大于 60° 的情况时，参照上述要求计算 $\Delta\bar{\sigma}_0$，并取最大值为稳态畸变指数。

2. 动态畸变指数

动态畸变指数表示 AIP 界面上总压不均匀度随时间的变化，工程上常按照统计的面平均动态畸变指数 ξ_{av} 作为这一总压脉动的定量特性描述，是 $(\bar{r}, \theta)$ 点处的动态畸变指数 $\xi(\bar{r}, \theta)$ 径向平均后得到径向平均动态畸变指数 $\xi_{r,\mathrm{av}}(\theta)$，再进行周向平均的结果，详见下面公式：

$$\xi_{\mathrm{av}} = \frac{1}{360°}\int_{0°}^{360°}\xi_{r,\mathrm{av}}(\theta)\,\mathrm{d}\theta \tag{7-6}$$

$$\xi_{r,\mathrm{av}}(\theta) = \frac{\int_{\bar{r}_{\mathrm{hub}}}^{1}\xi(\bar{r}, \theta)2\bar{r}\,\mathrm{d}\bar{r}}{1 - \bar{r}_{\mathrm{hub}}^2} \tag{7-7}$$

$$\xi(\bar{r}, \theta) = \frac{(\Delta p^*)'_{\mathrm{RMS}}}{(\bar{p}^*)_{\mathrm{av}}} \tag{7-8}$$

式中，总压脉动均方根 $(\Delta p^*)'_{\mathrm{RMS}}$ 和 AIP 界面上的面时均总压 $(\bar{p}^*)_{\mathrm{av}}$ 为

$$(\Delta p^*)'_{\mathrm{RMS}} = \sqrt{\frac{1}{T}\int_0^T(p^* - \bar{p}^*)^2\,\mathrm{d}t} \tag{7-9}$$

$$(\bar{p}^*)_{\mathrm{av}} = \frac{1}{360° \times (1 - \bar{r}_{\mathrm{hub}}^2)}\int_{\bar{r}_{\mathrm{hub}}}^{1}\int_{360°}^{0°}\bar{p}^*(\bar{r}, \theta)2\bar{r}\,\mathrm{d}\theta\mathrm{d}\bar{r} \tag{7-10}$$

在实际飞行条件下，同时由于飞机机动飞行工况的增加与进气道结构变化，发动机实际来流复杂多变，导致 AIP 界面稳/动态畸变指数比例存在一定的变化区间。例如，2020 年姜健等[16]在我国某型歼击机试飞载机的进气道出口截面加装进气道畸变测量系统，对稳定平飞和爬升等小机动工况以及半滚

倒转和斤斗等高机动、大过载飞行等典型工况进行进气畸变测量,结果表明,进气道出口 AIP 界面的稳态和动态畸变的比例在 57.1%~316%。为了能在地面试车环境下更加真实地反映实际飞行条件,这就要求总压畸变模拟器中动态畸变指数占综合畸变指数的比例范围足够宽。因此,在本节重点关注动态畸变指数与稳态畸变指数的比例。

7.3　基于 DDES 方法的进气畸变发生器流场数值模拟

7.3.1　物理模型

插板模拟器是俄罗斯推荐使用的一种畸变模拟器,其主要由不同形式的实心插板组成。当实心插板插入进气管道时,气体流过后在板后形成受到板影响的低压区和相对未受到板影响的高压区[①],同时在板的边缘低能流体与主流互相掺混,形成频率和振幅随机变化的湍流压力脉动,从而在距离插板一定位置处形成一定强度的稳态压力损失(稳态总压畸变)、动态压力变化(动态总压畸变)以及畸变图谱的流场。

这项工作针对三种类型的插板式畸变模拟器展开研究,分别是弦月式插板总压畸变模拟器、轴向串联组合插板总压畸变模拟器和周向多区组合插板总压畸变模拟器,通过对分离流场保真度更高的 DDES 数值方法,在非定常实验结果校核数值方法准确性的前提下,详细分析了动态畸变特性及其影响规律。本节首先给出三种畸变模拟器的物理模型。

1. 弦月式插板总压畸变模拟器

弦月式插板总压畸变模拟器具有安装方便、结构简单、通用性好、扰流范围宽等优点,俄罗斯方面已拥有几十年工程研制与使用经验,已将其充分发展并广泛应用于各类总压畸变实验装置,同时也被我国军用标准《航空涡轮喷气和涡轮风扇发动机进口总压畸变评定指南》(GJB/Z 64A—2004) 推荐作为发动机进气总压畸变模拟的主要实验装置。

为了进行方法验证研究,这里弦月式插板总压畸变模拟器的尺寸参数依据某研究所真实实验装置给定,如图 7-2 所示,描述弦月式插板总压畸变模

---

①　本章的低压区均为低总压区,高压区均为高总压区。

拟器的主要几何参数有进气管道直径 D、插板深度 H、插板与 AIP 界面的距离 L 以及插板厚度 δ。插板从管道上方插入,其中的插板深度 H 定义为管道上边缘至插板下边缘的距离。插板深度为实验中重要的可调节参数,本节分别对插板深度为 $0.2D$、$0.3D$、$0.4D$ 的三种情况展开分析,具体参数见表 7-2。

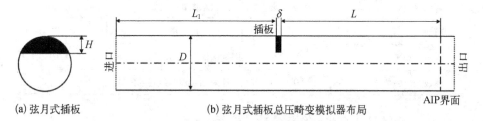

(a) 弦月式插板　　　　　　(b) 弦月式插板总压畸变模拟器布局

图 7-2　弦月式插板及其安装布局示意图

表 7-2　弦月式插板总压畸变模拟器几何参数

几何参数	数值	几何参数	数值
直径 D/m	0.308	插板厚度 δ/m	0.010
计算域进口到插板距离 L_1/m	$3D$	AIP 距离 L/m	$3D$
插板到计算域出口距离 L_2/m	$6D$	插板深度 H/m	$0.2D$、$0.3D$、$0.4D$

2. 轴向串联组合插板总压畸变模拟器

在弦月式插板总压畸变模拟器的基础上,为探索畸变指数比例调节途径,采用管道轴线方向上串联弦月式插板的方式,组成轴向串联组合插板总压畸变模拟器,如图 7-3 所示。其几何特性主要由插板相对深度 H/D、两块插板相对周向位置 α 和轴向距离 ΔL 来描述。作为初步探索,本项研究仅针对不同插板深度展开数值研究,与弦月式插板总压畸变模拟器类似,探索深度分别为 $0.2D$、$0.3D$ 和 $0.4D$ 以及前后插板轴向间距为 $1D$ 和 $0.5D$ 的流场畸变特性,

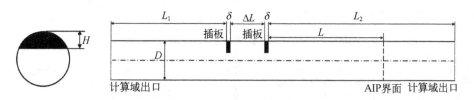

图 7-3　轴向串联组合插板总压畸变模拟器计算模型

其余参数见表 7-3。前后插板为同步变化,即两插板的 H 保持一致。

表 7-3　轴向串联组合插板总压畸变模拟器几何参数

几 何 参 数	数 值	几 何 参 数	数 值
直径 D/m	0.308	插板厚度 δ/m	0.010
插板前距离 L_1/m	3D	AIP 距离 L/m	3D
插板后距离 L_2/m	6D	插板深度 H/m	0.2D、0.3D、0.4D
插板轴向距离 ΔL/m	1D、0.5D	插板相对周向位置 α/(°)	0

3. 周向多区组合插板总压畸变模拟器

在弦月式畸变原理的基础上,为研究多个较小畸变角低压区共存的畸变流场特性,探索畸变指数比例调节方案,采用在周向均匀并列多块小角区扇环插板的方式,组成周向多区组合插板总压畸变模拟器,如图 7-4 所示。轴向多区组合插板构型的几何特征主要由插板相对深度 H/D、插板数量 N、插板扇形角度 β 来描述。作为探索性研究,这里仅针对不同插板深度(0.2D、0.3D、0.4D)对 AIP 界面的畸变特性展开研究,插板深度同步变化。插板数量保持为 $N=4$,扇形角 β 保持为 20°不变,具体参数如表 7-4 所示。

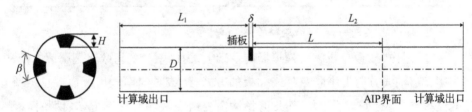

图 7-4　周向多区组合插板总压畸变模拟器

表 7-4　周向多区组合插板总压畸变模拟器几何参数

几 何 参 数	数 值	几 何 参 数	数 值
直径 D/m	0.308	插板厚度 δ/m	0.010
插板前距离 L_1/m	3D	AIP 距离 L/m	3D
插板后距离 L_2/m	6D	插板深度 H/m	0.2D、0.3D、0.4D
插板数量 N	4	插板扇形角 β/(°)	20

7.3.2　网格的划分

网格的划分首先要满足 RANS 的网格无关性,然后在关键的研究区域进行局部加密再进行 DDES 数值模拟。针对上述三个物理模型,采用 Unigraphics 软件建立插板畸变模拟器几何模型,并采用 ICEM CFD 软件进行网格划分。为保证网格质量与正交性,采用多块分区结构化蝶形网格,如图 7 - 5 所示。对于固体壁面附近、插板前/后以及板下方进行了单独的网格加密,壁面第一层网格高度为 0.01 mm,保证壁面 y^+ 值在 1 左右。从插板后到 AIP 界面之间的计算域为重点研究区域。

 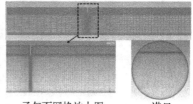

(a) 弦月式插板三维网格 　　　　　　　　(b) 子午面及进口网格放大图

图 7 - 5　弦月式插板总压畸变模拟器 RANS 计算网格

下面以典型弦月式插板总压畸变模拟器为例,以插板深度为 $H = 0.2D$、来流马赫数 $Ma = 0.2$ 的工况开展基于 RANS 数值模拟的网格无关性研究。分别对 93 万、138 万和 196 万的网格进行 RANS 数值模拟,不同网格量下改变的是插板后到 AIP 界面之间网格的疏密程度。空间离散格式采用三阶 MUSCL,时间离散采用二阶隐格式,湍流模型为 S - A,模拟工况为 $H = 0.2D$、来流马赫数 $Ma = 0.2$、轴向进气。

数值模拟结果如表 7 - 5 和图 7 - 6 所示,当网格量大于 138 万后,面平均总压恢复系数 σ_{av}、低压区范围 θ^- 与稳态畸变指数 $\Delta\bar{\sigma}_0$ 这三大计算结果均基

表 7 - 5　弦月式插板总压畸变模拟器网格无关性检测

网格量	面平均总压恢复系数 σ_{av}	低压区范围 θ^-	稳态畸变指数 $\Delta\bar{\sigma}_0$
93 万	0.992	164.1°	0.47%
138 万	0.992	134.8°	0.58%
196 万	0.992	134.8°	0.58%

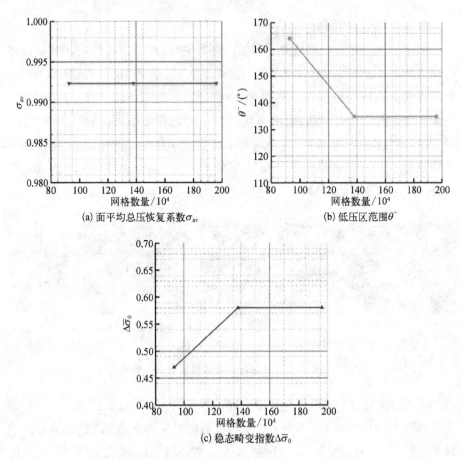

(a) 面平均总压恢复系数σ_{av}　　　(b) 低压区范围θ^-

(c) 稳态畸变指数$\Delta\overline{\sigma}_0$

图 7-6　插板总压畸变模拟器网格无关性检测结果

本保持不变,因此对于 RANS 计算网格,网格量级在 138 万量级左右时,即可满足网格无关性要求。

　　DDES 数值方法对网格数量要求更高,在 RANS 计算结果分析的基础上,参考课题组大量工程应用经验,结合相关文献与 Fluent 理论手册,主要针对流场物理参数变化梯度较大区域(主要是板后远离壁面的区域)进行重点加密。流向主要加密的区域在插板到 AIP 界面之间,周向和径向加密的区域范围根据 RANS 计算结果而定,即 RANS 计算结果中总压损失明显较高的区域。在重点研究区域内网格加密规则如下:

　　(1) 尽量保证网格三个方向的尺度大小相近;

　　(2) 稀疏网格到稠密网格的过渡的网格尺度大小比例不大于 2∶1;

　　(3) 网格三个方向的最大网格尺度不超过未扰动区域附面层厚度的 10%。

如图 7-7(a)所示,在插板后到 AIP 界面直接为重点研究区域,将该计算域分为 Zone1、Zone2 和 Zone3 三个区域。Zone1 和 Zone2 区域为 RANS 计算结果中湍流黏性较高的区域,在这两个区域内保证网格近似为正方体,在 Zone1 和 Zone2 区域,网格三个方向的最大网格尺度分别不超过未扰动区域附面层厚度的 50% 和 10%;Zone3 区域的网格尺度沿着流向分别是 Zone1 和 Zone2 的 2 倍,保证网格稀疏缓慢过渡。为保证网格质量与正交性,周向采用多块分区结构化蝶形网格,如图 7-7(b)和(c)所示。为了减少计算量,进口和出口延伸段在三个方向上都进行稀化[图 7-7(b)],而在插板后将 Zone1~Zone3 区域内网格沿周向加密,如图 7-7(c)所示。

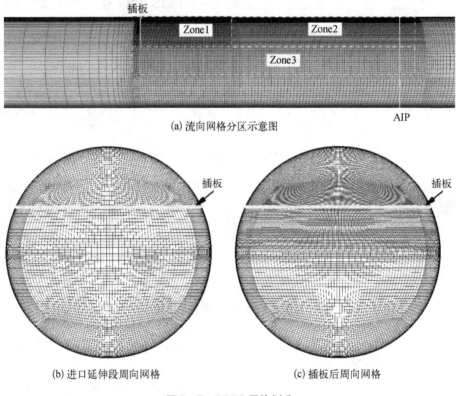

(a) 流向网格分区示意图

(b) 进口延伸段周向网格　　　　　(c) 插板后周向网格

图 7-7　DDES 网格划分

最终确定采用 DDES 数值方法时弦月式插板总压畸变模拟器网格如图 7-8 所示,总数约为 500 万;轴向串联组合插板总压畸变模拟器网格如图 7-9 所示,在弦月式插板总压畸变模拟器网格的基础上,增加了由插板 1

到插板 2 中间的部分,网格总数约为 783 万;周向多区组合插板总压畸变模拟器网格如图 7 - 10 所示,在周向网格呈对称分布,为了减少计算量,周向选择 180°范围内为计算域,网格总数约为 755 万。

(a) 弦月式插板三维网格　　　　　　(b) 子午面及进口网格放大图

图 7 - 8　弦月式插板总压畸变模拟器 DDES 计算网格[17]

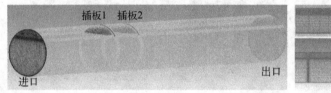
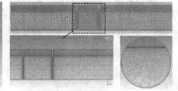

图 7 - 9　轴向串联组合插板总压畸变模拟器 DDES 计算网格[17]

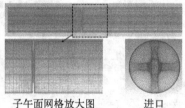

图 7 - 10　周向多区组合插板畸变模拟器 DDES 计算网格[17]

7.3.3　近壁湍流模型的选择

根据第 3 章的介绍,DDES 方法是在 RANS 湍流模型的基础上建立起来的,在近壁区仍然采用的是 RANS 湍流模型,因此选择合适的湍流模型对于结果的准确性至关重要。插板畸变模拟器板后存在着大尺度分离流动,目前针对这一类流动的湍流模型尚未有统一标准。因此,本节以插板深度 $H = 0.2D$、来流马赫数 $Ma = 0.2$ 的弦月式插板总压畸变模拟器为研究对象,对比三种湍流模型,分别是航空领域广泛采用的一方程 S - A 湍流模型、二方程模型中受欢迎之一的 SST 湍流模型和对流动分离预测较好的 Realizable $k - \varepsilon$ 湍流模型对稳态流场进行数值计算,通过与实验结果的比较选择合适的湍流模型,如图 7 - 11 所示。

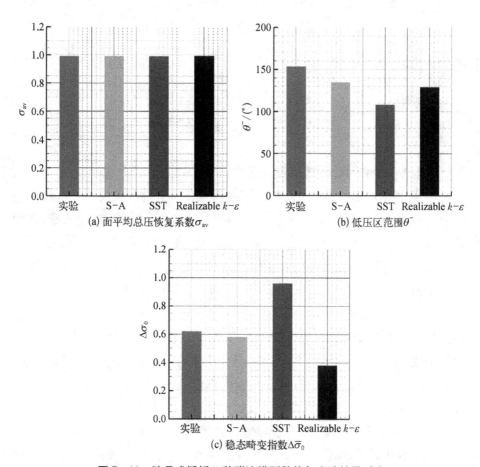

图 7 - 11　弦月式插板三种湍流模型数值与实验结果对比

表 7 - 6 给出了上述三种湍流模型稳态计算结果与实验数据的对比。对于面平均总压恢复系数 σ_{av},各个湍流模型均能与实验数据吻合较好,最大误差约为 0.16%;对于低压区范围 θ^-,所有湍流模型计算角度均小于实验测量值,其中 S - A 湍流模型与实验值误差最小,约为 12%;对于稳态畸变指数 $\Delta \bar{\sigma}_0$,S - A 湍流模型和 Realizable $k - \varepsilon$ 小于实验值,而 SST 模型大于实验值,与实验误差最小的为 S - A 湍流模型,误差值约为 6.4%。综上所述,相比较而

言,S-A 湍流模型对于插板畸变模拟器这类问题更加合适。因此,此类问题采用基于 S-A 湍流模型的 DDES 数值方法。

表 7-6   弦月式插板三种湍流模型数值与实验结果对比表

模　型	面平均总压恢复系数 σ_{av}	低压区范围 $\theta^-/(°)$	稳态畸变指数 $\Delta\bar{\sigma}_0/\%$
实验	0.991 0	153.3	0.62
S-A	0.992 0	134.8	0.58
SST	0.991 7	108.1	0.96
Realizable $k-\varepsilon$	0.992 6	129.2	0.38

7.3.4   时空离散格式及边界条件

时空离散格式对数值结果的稳定性、准确性和计算资源的消耗有着重要影响。空间离散格式为二阶中心差分格式;时间离散采用双时间步长法,物理时间步长 $\Delta t = \bar{\Delta}/V_{max}$,其中 V_{max} 通常取进口速度的 1.5 倍以上,$\bar{\Delta}$ 表示主要研究区域的平均网格尺度,在此项研究中,物理时间步长为 5×10^{-5} s,CFL 数为 1.0;虚拟时间步最大迭代步数为 65 步,计算物理总时间为 0.5s。

对于 DDES 数值模拟,其边界条件与 RANS 方法保持一致,即进口为均匀总温总压边界条件,出口为均匀静压,物理壁面为绝热无滑移边界。通过调节出口背压来改变进口马赫数。DDES 非定常数值模拟的初场是 RANS 收敛后的流场。

RANS 的收敛条件为: ① 全局残差下降至恒定值或者下降缓慢;② 出现明显周期性波动并且进出口的流量值的相对误差不超过 0.1%,且流量为恒定值;③ 其他总体性能参数如来流马赫数、流量、主流速度等均为随着迭代次数不再发生变化的恒定值。DDES 非定常计算数值模拟的收敛标准为:在 AIP 界面上设置总压监测点,当监测点的非定常总压的时均值和方差的变化在 1% 以内时,即可认为达到非定常收敛。

7.4   基于实验数据的方法准确性校核

某研究所对插板深度为 $H=0.2D$ 的弦月式插板总压畸变模拟器有较为详细的畸变指数测量数据,可为数值结果准确性校核提供实验数据。实验过程

中稳态和动态总压由探针测量得到,测量
位置如图 7 - 12 所示,受测量手段的限制,
获得的数据空间分辨率较低。在 AIP 界面
上,稳态总压由每隔45°周向布置总压耙测
量得到,如图 7 - 12 中的圆形点所示,测点
在径向为等面积布置,共计 40 个测点;动
态总压的测点较少,在 0.9D 的径向位置处
布置了 8 个测点,如图 7 - 12 中方形点所
示。为了保证数值结果与实验的可比性,
对于数值结果,选择与实验测点相同的位
置计算畸变指数。

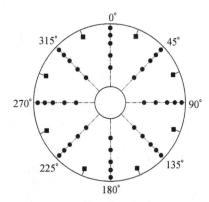

图 7 - 12　稳态总压探针、动态压力探
针在 AIP 界面上的排列图

7.4.1　稳态数值准确性校核

本节对四个来流马赫数工况 $Ma = 0.2$、0.3、0.4、0.5 的稳态流场进行数值
模拟,表 7 - 7 和图 7 - 13 给出了数值与实验结果的对比,可以看出面平均总压
恢复系数 σ_{av} 仅在 $Ma = 0.5$ 时误差较大,最大误差值约为 1.7%;低压区范围
θ^- 的误差随马赫数增加而减小,最大误差值约为 12%;稳态畸变指数 $\Delta\bar{\sigma}_0$ 随
马赫数增加而误差增大,在 $Ma = 0.5$ 时误差较大,最大误差值约为 82%,而在
马赫数较低的 0.2 工况下,误差仅有约 6.5%。从结果来看,随着来流马赫数
增大,实验与数值结果差异越大,这与马赫数越大,分离流动中湍流各向异性
有关,但总体变化趋势基本保持一致,因此为保证计算结果准确性,下面的研
究工作均针对来流马赫数为 0.2 的工况。

表 7 - 7　0.2D 弦月式插板数值和实验结果稳态畸变指数对比

马赫数 Ma	面平均总压恢复系数 σ_{av}		低压区范围 θ^- /(°)		稳态畸变指数 $\Delta\bar{\sigma}_0$ /%	
	实　验	数　值	实　验	数　值	实　验	数　值
0.2	0.991	0.992	153.3	134.8	0.62	0.58
0.3	0.978	0.977	153.8	139.1	1.42	1.99
0.4	0.959	0.955	153.5	141.8	2.72	3.96
0.5	0.931	0.915	152.9	143.5	4.79	8.75

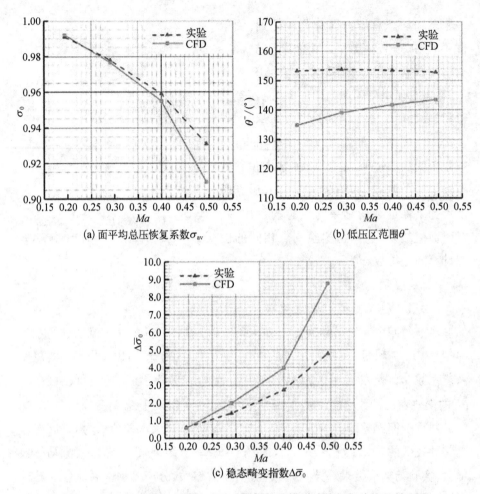

(a) 面平均总压恢复系数σ_{av}

(b) 低压区范围θ^-

(c) 稳态畸变指数$\Delta\bar{\sigma}_0$

图 7-13   插板深度 0.2D 的弦月式插板数值模拟结果与实验结果对比图

7.4.2   动态数值模拟准确性校核

弦月式插板的动态畸变指数一般采用总压脉动面平均动态指数 ε_{av} 表示。本节以插板深度 $H = 0.2D$、$Ma = 0.2$ 工况为例,在 RANS 流场的基础上进行 DDES 数值模拟,并根据图 7-12 中稳态和动态总压测点位置相应地提取 DDES 数值模拟结果,并计算稳态和动态畸变指数。图 7-14 为 DDES 数值方法模拟得到的某一瞬态的流场 Q 判据等值面图,展现出 DDES 的数值模拟对涡结构良好的解析能力。

结果见表 7-8,分别给出了稳态畸变指数 $\Delta\bar{\sigma}_0$、动态畸变指数 ε_{av} 的实验

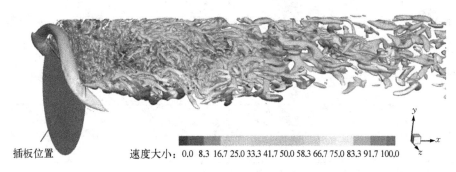

插板位置   速度大小：0.0 8.3 16.7 25.0 33.3 41.7 50.0 58.3 66.7 75.0 83.3 91.7 100.0

图 7-14 弦月式插板构型瞬态涡系图（基于 Q 判据）

与 DDES 计算结果以及两者的相对误差。从结果来看，稳态和动态畸变指数数值与实验结果相差仅约为 6.5% 和 3.6%，稳态和动态畸变指数的比例实验结果为 1.25，数值计算结果为 1.22，差异也仅有 2.4%，满足工程需求，验证了对于此类问题采用 DDES 方法动态数值结果的准确性。

表 7-8 插板深度 0.2D 的弦月式插板畸变指数与实验结果对比

马赫数 Ma	稳态畸变指数 $\Delta\bar{\sigma}_0$		动态畸变指数 ε_{av}		$\Delta\bar{\sigma}_0/\varepsilon_{av}$	
	实验值	数值计算	实验值	数值计算	实验值	数值计算
	0.62%	0.58%	0.495%	0.477%	1.25	1.22
误差	6.5%		3.6%		2.4%	

7.5 流场畸变指数的影响分析

插板深度会直接影响畸变模拟器的进口流量，是对稳态和动态畸变指数影响极为显著的因素之一。因此，本项研究中对弦月式、轴向串联和周向并联三个构型下不同插板深度对畸变指数的影响规律进行分析，重点关注对稳态畸变指数和动态畸变指数的比值的影响规律。另外，也分析对于相同插板深度、不同畸变模拟器构型对畸变指数的影响。

7.5.1 弦月式插板深度对畸变指数的影响

表 7-9 给出了插板深度为 0.2D、0.3D 和 0.4D 的弦月式插板稳态畸变指数、动态畸变指数、两者的比值的数值模拟结果。随着插板深度的增加，稳态

畸变指数从 0.58% 增加到 3.36%,动态畸变指数从 0.48% 增加到 2.11%,也就是说,无论是动态畸变指数还是稳态畸变指数均逐渐增加。

表 7-9　三种插板深度的弦月式插板畸变指数数值模拟与实验结果对比

插板深度 H	稳态畸变指数 $\Delta\bar{\sigma}_0$	动态畸变指数 ε_{av}	$\Delta\bar{\sigma}_0/\varepsilon_{av}$
0.2D	0.58%	0.48%	1.21
0.3D	1.79%	1.13%	1.58
0.4D	3.36%	2.11%	1.59

那么插板深度增加是如何影响稳态畸变指数的呢?由式(7-1)可知,稳态畸变指数由面平均总压恢复系数 σ_{av} 和周向低压区范围内总压恢复系数 σ_0 决定,图 7-15 中为 AIP 界面上面平均总压恢复系数沿周向的分布,随着插板深度增加,低压区范围内总压恢复系数的范围更大,表明低压区范围扩大,与此同时面平均总压恢复系数减小(图 7-16),由此使得稳态畸变指数增加。

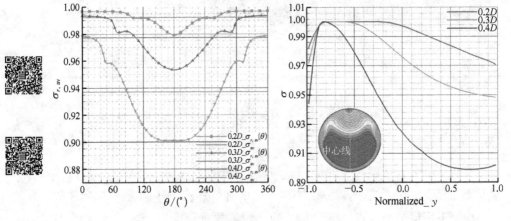

图 7-15　AIP 界面 $\sigma_{r,av}$ 沿周向分布　　　图 7-16　AIP 界面 σ 沿中心线分布

对于动态畸变指数,根据式(7-6),其大小由 AIP 界面上总压脉动的大小决定。图 7-17 和图 7-18 给出了不同周向位置处的动态总压畸变指数分布,动态畸变指数的周向分布以低压区中心($\theta=180°$)基本呈现对称分布,同时其周向分布与插板深度有较大关系,当插板深度 H 较小时,基本呈现倒 V 形分布;当插板深度 H 增加时,对主流流动影响加剧,湍流脉动加剧,所有测点动态畸变指数均

有所增大,同时最大脉动位置随之下移,这时低压区中心($\theta = 180°$)较低,而两边较高,呈现 M 形分布,其原因是低压区中心两边的插板与管壁相接区域为掺混区,气流流动更加复杂,从而动态畸变指数相比低压区中心更大,同时因插板深度增加,最大动态畸变指数位置逐渐远离低压区中心位置。

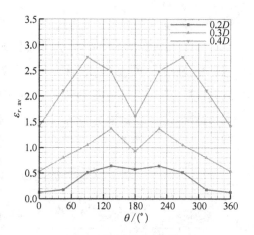

图 7-17　三种插板深度的弦月式插板动态
畸变指数 $\varepsilon_{r,\text{av}}$ 沿周向分布

对于弦月式插板构型,在 AIP 界面上,由于插板深度增加后稳态畸变指数和动态畸变指数都有所增加,因此两者的比值 $\Delta \bar{\sigma}_0 / \varepsilon_{\text{av}}$ 的变化范围也相对较小,插板深度从 $0.2D$ 增加到 $0.4D$ 后,稳态/动态畸变指数的比值仅由 1.21 增加到 1.59。

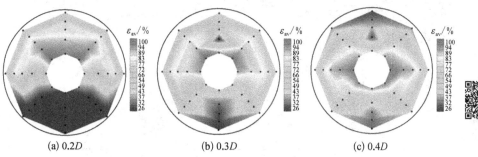

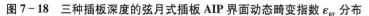

(a) 0.2D　　　　　(b) 0.3D　　　　　(c) 0.4D

图 7-18　三种插板深度的弦月式插板 AIP 界面动态畸变指数 ε_{av} 分布

7.5.2　轴向串联组合式插板深度、轴向间距对畸变指数的影响

对于轴向串联组合构型,本节同样研究三种插板深度的情况,表 7-10 给出了三种插板深度稳态畸变指数,随着插板深度的增加,稳态畸变指数由 0.86% 增加到 2.47%。分析稳态畸变指数增大的原因,从图 7-19 中可以看出,随着插板深度的增加,AIP 界面上不同周向位置处径向总压恢复系数整体降低,也就是说,面平均总压恢复系数 σ_{av} 降低,而周向低压区的范围却在不断增加,在面平均总压恢复系数的降低以及周向低压区范围增加的双重作用

下,稳态畸变指数增加。

　　借助 DDES 数值模拟结果,可以分析插板深度对动态畸变指数、稳态和动态畸变指数之比的影响,数值结果见表 7 - 11,随着插板深度的增加,AIP 界面的总压脉动范围变大(图 7 - 20),而且脉动幅值也在增加,使得动态畸变指数大幅增加,进而造成稳态和动态畸变指数的比值从深度为 0.2D 的 1.72 减小到深度为 0.4D 的 1.01。

表 7 - 10　三种插板深度的轴向串联插板稳态畸变指数结果表

插板深度	面平均总压恢复系数 σ_{av}	低压区范围 $\theta^-/(°)$	稳态畸变指数 $\Delta\bar{\sigma}_0/\%$
0.2D	0.988	148.5	0.86
0.3D	0.978	156.6	1.75
0.4D	0.954	175.5	2.47

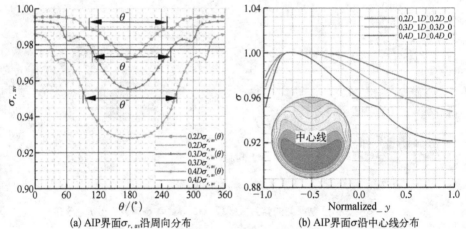

(a) AIP界面$\sigma_{r,av}$沿周向分布　　　(b) AIP界面σ沿中心线分布

图 7 - 19　三种插板深度的串联插板 AIP 界面总压恢复系数沿周向和中心线分布

表 7 - 11　轴向串联组合插板构型不同插板深度的动态畸变指数

插　板　深　度	动态畸变指数 $\varepsilon_{av}/\%$	$\Delta\bar{\sigma}_0/\varepsilon_{av}$
0.2D	0.50	1.72
0.3D	1.04	1.68
0.4D	2.44	1.01

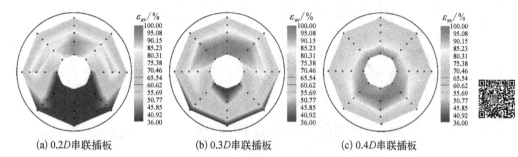

(a) 0.2D串联插板　　　　(b) 0.3D串联插板　　　　(c) 0.4D串联插板

图 7 – 20　轴向串联组合插板 AIP 界面动态畸变指数 ε_{av} 分布

为加深插板轴向距离 ΔL 对轴向串联组合插板的影响规律探索,开展了轴向距离 $\Delta L = 1D$、$0.5D$,周向位置 $\alpha = 0°$,插板深度 $H = 0.2D$,来流马赫数均为 $Ma = 0.2$ 的数值模拟。不管轴向位置如何变化,AIP 界面都设置在距离下游插板 $3D$ 的位置。根据数值结果,不同轴向间距下稳态畸变指数在表 7 – 12 中给出。当轴向间距由 $1.0D$ 减小为 $0.5D$ 时,稳态畸变指数由 0.86% 减小到 0.51%,这与传统弦月式结构的结果($\Delta\bar{\sigma}_0 = 0.58\%$)非常接近。

表 7 – 12　轴向串联组合插板构型不同轴向间距动态畸变指数

插 板 构 型	面平均总压恢复系数 σ_{av}	低压区范围 $\theta^- /(°)$	稳态畸变指数 $\Delta\bar{\sigma}_0 /\%$
轴向串联间距 $1.0D$	0.988	148.5	0.86
轴向串联间距 $0.5D$	0.992	122.9	0.51

从子午面的流场情况来看,如图 7 – 21 所示,插板深度 $H = 0.2D$ 的弦月式插板后回流区轴向长度约为 $1D$,对于轴向间距仅为 $0.5D$ 的轴向串联构型,下游插板刚好处于上游插板回流区内,下游插板仅将回流区分割但对有效流通面积的影响基本可以忽略,对流道的堵塞作用与弦月式结构基本相同。也就是说,从稳态畸变指数的角度来看,轴向串联插板构型中两个插板的间距小于板后回流区长度时,下游插板的作用会被淹没。

DDES 数值模拟结果显示,轴向串联构型在轴向间距为 $1.0D$ 和 $0.5D$ 时的动态畸变指数由 0.50% 减小到了 0.33%(表 7 – 13)。对比图 7 – 22(b)和图 7 – 18(a),轴向间距为 $0.5D$ 动态畸变指数的分布也与串联式插板类似,可见下游插板的作用不仅对稳态畸变指数的影响被削弱,而且对总压脉动的影响

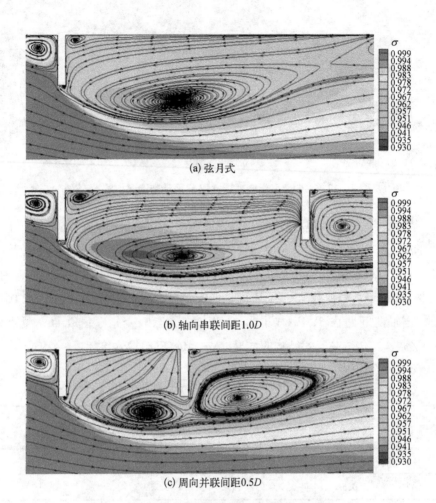

(a) 弦月式

(b) 轴向串联间距1.0D

(c) 周向并联间距0.5D

图 7-21　子午面总压恢复系数与流线分布图
（轴向串联构型与弦月式构型）

也被削弱。总体来看,轴向间距减小时,稳态和动态畸变指数都有所减小,但前者减小的幅度更大,因此两者的比值也减小。可见当需要增加稳态或动态畸变指数时,轴向串联插板构型中插板间距离不能小于上游插板后回流区的长度。

表 7-13　轴向串联组合插板构型不同轴向间距动态畸变指数

插 板 构 型	动态畸变指数 $\varepsilon_{\mathrm{av}}$/%	$\Delta\bar{\sigma}_0/\varepsilon_{\mathrm{av}}$
轴向间距 1.0D	0.50	1.72
轴向间距 0.5D	0.33	1.55

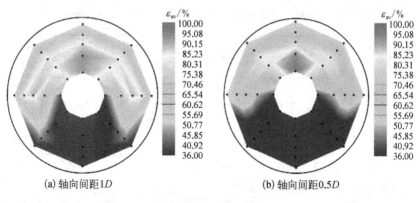

(a) 轴向间距1D　　　　　　　　　(b) 轴向间距0.5D

图 7 - 22　AIP 界面动态畸变指数 ε_{av} 分布

7.5.3　周向并联组合式插板深度对畸变指数的影响

周向并联组合式插板的特点在于存在多个呈轴向对称的低压区,低压区的个数与插板个数有关,此处仅研究插板个数为 4 的情况。本节对插板深度分别为 $H=0.2D$、$0.3D$、$0.4D$,来流马赫数均为 $Ma=0.2$ 的工况进行数值计算。图 7 - 23 为插板前后面总压恢复系数的分布图,稳态计算结果显示,多个插板流场在下游越来越在周向趋于均匀。

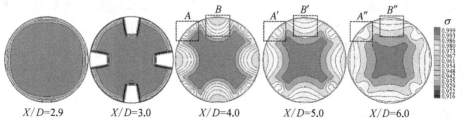

$X/D=2.9$　　$X/D=3.0$　　$X/D=4.0$　　$X/D=5.0$　　$X/D=6.0$

图 7 - 23　插板前、下、后典型截面总压恢复系数

随着插板深度从 0.2D 增加到 0.4D,面平均总压恢复系数 σ_{av} 从 0.988 减小到 0.981(表 7 - 14),影响很小;周向并联构型影响低压区范围的主要是插板个数,如图 7 - 24 所示,增加插板深度对低压区范围 θ^- 几乎没有影响,所以插板深度对稳态畸变指数的改变能力有限。

接下来,借助 DDES 模拟的结果,分析周向多区组合构型对动态畸变指数的影响。由于该构型在周向上高度对称,故在计算时采取轴对称边界处理来节约计算成本。动态畸变指数结果在表 7 - 15 中给出,当插板深度从 0.2D 增

表 7 - 14　三种插板深度的周向多区组合插板稳态畸变指数结果

插板深度	面平均总压 恢复系数 σ_{av}	低压区范围 θ^{-} /(°)	稳态畸变 指数 $\Delta\bar{\sigma}_0$ /%
0.2D	0.988	179.9	0.12
0.3D	0.984	180.0	0.22
0.4D	0.981	180.0	0.24

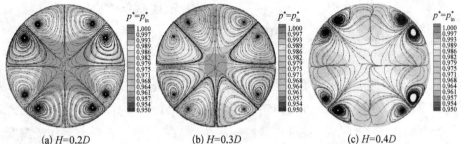

(a) H=0.2D　　　(b) H=0.3D　　　(c) H=0.4D

图 7 - 24　三种插板深度的 AIP 界面静压和二次流流线分布

加到 0.4D 时,动态畸变指数经历了先缓慢增加(由 0.53% 增加到 0.66%)后基本保持不变的过程(0.66%~0.67%),从 AIP 界面上动态畸变指数的分布情况来看(图 7 - 25),周向多区组合动态畸变指数分布均匀,这与该构型下插板深度对稳态畸变指数的影响类似,基本没有高脉动区域。综上所述,这种构型通过插板深度对稳态和动态畸变指数的比值($\Delta\bar{\sigma}_0/\varepsilon_{av}$)的调控能力也很有限。

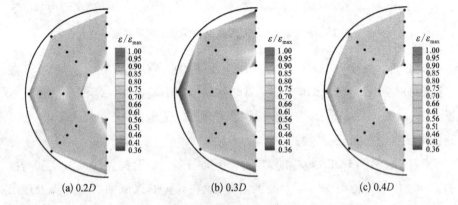

(a) 0.2D　　　(b) 0.3D　　　(c) 0.4D

图 7 - 25　三种插板深度的周向多区组合插板 AIP 界面动态畸变指数 ε 分布(对称)

表 7 - 15　三种插板深度的周向多区组合插板动态畸变指数

插 板 深 度	动态畸变指数 ε_{av} /%	$\Delta\bar{\sigma}_0/\varepsilon_{av}$
0.2D	0.53	0.23
0.3D	0.66	0.33
0.4D	0.67	0.36

参考文献

[1] HORVATH N R. Inlet vortex formation under crosswind conditions [D]. Worcester: Worcester Polytechnic Institute, 2013.

[2] 郑日升,李伟鹏,常军涛,等. "X"布局高超声速倒置进气道激波与附面层干扰抑制研究[J]. 推进技术,2014,35(9): 1153 - 1161.

[3] MCLELLAND G, MACMANUS D G, ZACHOS P K, et al. Influence of upstream total pressure profiles on S-duct intake flow distortion[J]. Journal of Propulsion and Power, 2020, 36(3): 346 - 356.

[4] 刘雷,陈浮,宋彦萍,等.半埋入式 S 弯进气道主动流动控制研究[J]. 推进技术, 2014,35(9): 1168 - 1173.

[5] 刘大响,叶培梁,胡骏,等.航空燃气涡轮发动机稳定性设计与评定技术[M].北京: 航空工业出版社,2004.

[6] RADEMAKERS R P M, BINDL S, NIEHUIS R. Effects of flow distortions as they occur in S-duct inlets on the performance and stability of a jet engine [J]. Journal of Engineering for Gas Turbines and Power, 2016, 138(2): 1 - 10.

[7] 杜军,韩伟.进气压力畸变实验中面平均紊流度的计算[J].燃气涡轮实验与研究, 2019(3): 53 - 57.

[8] 杨权,叶巍,陆德雨.航空发动机稳定性评定实验装置的选择[J].燃气涡轮实验与研究,2001,14(2): 16 - 21.

[9] 航空科学技术工业委员会.航空涡轮喷气和涡轮风扇发动机进口总压畸变评定指南[S]. GJB/Z 64A—2004.北京: 中国标准出版社,2004.

[10] LEE K, LEE B, KANG S. Inlet distortion test with gas turbine engine in the altitude engine test facility[C]. Chicago: The 27th AIAA Aerodynamic Measurement Technology and Ground Testing Conference, 2010.

[11] 桑增产,江勇,孔卫东.某型涡喷发动机进气总压畸变的实验研究[J].航空动力学报,2000,15(4): 423 - 426.

[12] 江勇,李军,张发启.一种喷气推进系统的进气压力畸变测控系统[J].航空计测技术,2002,22(6): 16 - 20.

[13] 甘甜,王如根,张杰.不同湍流模型对插板式进气畸变的数值模拟[J].推进技术, 2014,35(7): 891 - 896.

[14] 张兴发,李军,宋国兴.轴流压气机插板式进气畸变数值仿真[J].航空动力学报,

2019,34(5): 1153 - 1165.

[15]   LIU Y, YAN H, LIU Y, et al. Numerical study of corner separation in a linear compressor cascade using various turbulence models[J]. Chinese Journal of Aeronautics, 2016, 29(3): 639 - 652.

[16]   姜健,赵海刚,李俊浩.基于飞行实验数据的进气道畸变预测与实验验证[J].航空动力学报,2020,35(8): 1706 - 1715.

[17]   陈顺.组合插板对 AIP 界面畸变指数的影响研究[D].西安:西北工业大学,2021.